高等职业院校理实一体化校企双元特色教材
体现新设备新工艺新技能
对标"岗课赛证"需求

 "扬华书苑"智慧教学服务与数字教材开放平台支持

地基基础工程检测技术

工作手册

主　编	唐秋霞	唐　甫	林小雄	
副主编	杨国浪	朱海鹏	江　鸿	冯逸鹏
参　编	乔稳庆	江　利	吴丽琴	潘冬喜
	黄文珑	朱金华	易胜强	师虎峰
	曾陆川	周忠文	梁　倚	曾丹丹
	魏　翔			
主　审	靳丽莉			

西南交通大学出版社
·成都·

图书在版编目（CIP）数据

地基基础工程检测技术. 2，工作手册 / 唐秋霞，唐甫，林小雄主编. -- 成都：西南交通大学出版社，2024. 7. -- ISBN 978-7-5643-9905-4

Ⅰ. TU47

中国国家版本馆CIP数据核字第2024MZ4600号

数字资源目录

序号	二维码名称	资源类型	页码
1	浅层平板载荷现场试验	视频	202
2	复合地基静载现场试验	视频	223
3	单桩竖向抗压静载试验	视频	241
4	单桩抗拔静载现场试验	视频	261
5	低应变法现场检测	视频	280
6	低应变法曲线分析软件介绍	视频	281
7	基桩超声波现场检测	视频	300
8	超声波数据软件分析	视频	301
9	锚杆（索）基本试验相关知识	视频	320
10	锚杆（索）验收试验相关知识	视频	338
11	土钉抗拔承载力试验相关知识	视频	354

目录 CONTENTS

项目 5　地基承载力的检测 ······ 201
　任务 5.1　浅层平板载荷试验 ······ 201
　任务 5.2　复合地基载荷试验 ······ 221

项目 6　基桩承载力的检测 ······ 240
　任务 6.1　单桩竖向抗压静载试验 ······ 240
　任务 6.2　单桩竖向抗拔静载试验 ······ 260

项目 7　基桩完整性的检测 ······ 279
　任务 7.1　基桩完整性低应变法检测 ······ 279
　任务 7.2　基桩完整性声波透射法检测 ······ 299

项目 8　锚杆（索）的检测 ······ 319
　任务 8.1　锚杆（索）基本试验 ······ 319
　任务 8.2　锚杆（索）验收试验 ······ 336

项目 9　土钉的检测 ······ 353
　任务 9.1　土钉抗拔承载力检测 ······ 353

参考文献 ······ 370

项目 5　地基承载力的检测

任务 5.1　浅层平板载荷试验

5.1.1　任务目标

（1）掌握浅层平板载荷试验的基本知识和检测流程；
（2）掌握浅层平板载荷试验的检测方法；
（3）能够熟练操作检测仪器设备；
（4）能够掌握检测试验步骤、数据处理、结果评定；
（5）能够编制浅层平板载荷试验的检测方案及检测报告；
（6）培养学生讲原则、守规矩的意识及精益求精的工匠精神；
（7）培养学生自主学习和团队协作的精神；
（8）培养学生热爱劳动的品质。

5.1.2　任务描述

本工程建筑面积约 722 m²，采用独立基础、条形基础或筏板基础，基础持力层为含砾粉质黏土，承载力特征值 f_{ak}=240 kPa。请完成浅层平板载荷试验验收检测，写出检测方案和检测报告。

分析任务要求，得出任务清单，见表 5-1-1。

表 5-1-1　任务清单

任务内容	任务要求	验收方式
完成检测方案	结构清晰、内容完整、文字简洁、符合《建筑地基检测技术规范》（JGJ 340—2015）要求	材料提交
根据检测方法与试验步骤完成现场检测	实现任务现场检测要求，满足《建筑地基检测技术规范》（JGJ 340—2015）实操要求	过程展示、材料提交
完成检测报告	结构清晰、内容完整、文字简洁、符合《建筑地基检测技术规范》（JGJ 340—2015）要求	材料提交

5.1.3　任务分析与分配

1. 重　点

（1）检测方案的完整性；
（2）仪器连接安装的准确性；
（3）检测过程操作的规范性；
（4）检测报告的完整性。

2. 难　点

（1）试验数据和曲线分析的准确性；
（2）结果评定和检测结论的准确性。

3. 任务分组

小组讨论后确定人员分工及进度安排，见表 5-1-2。

5.1.4　相关知识链接

1. 浅层平板载荷试验的一般规定

请同学们通过查阅配套教材《地基基础工程检测技术（学习手册）》项目 1 任务 1.2 的内容学习，或学习《建筑地基检测技术规范》（JGJ 340—2015）4.1 节的规定。

浅层平板载荷现场试验

2. 浅层平板载荷试验现场检测技术方法

请同学们通过查阅配套教材《地基基础工程检测技术（学习手册）》项目 1 任务 1.2 节的内容学习，或学习《建筑地基检测技术规范》（JGJ 340—2015）4.2、4.3 节的规定。

表 5-1-2　学生任务分配表

班级		组号		指导教师	
组长		学号			
组员					
任务分工	人员		时间安排		备注
浅层平板载荷试验检测方案					
浅层平板载荷试验现场检测					
浅层平板载荷试验检测报告					

3. 浅层平板载荷试验数据分析

请同学们通过查阅配套教材《地基基础工程检测技术（学习手册）》项目 1 任务 1.2 节的内容学习，或学习《建筑地基检测技术规范》（JGJ 340—2015）4.4 节的规定。

4. 素质目标的养成

（1）根据知识点描述或者技能点训练，引导学生养成职业素养。在检测过程中，培养学生严格按照操作规程进行操作的意识和精益求精的工作作风。

（2）在检测过程中，要有讲原则、守规矩的意识；在检测完成后，要认真打扫场地，规范摆放仪器及工具，养成热爱劳动的意识。

5.1.5　自主探学

同学们通过查阅教材、听课、扫描二维码学习、上网搜索、讨论等方式获取任务工单中问题的答案，并填写表格中的空白内容，确保任务顺利实施。

任务工作单 1

组号：_____ 姓名：_____ 学号：_____ 检索号：__5-1-5-1__

引导问题：

（1）简述工程概况及试验目的。

（2）应收集哪些资料？试验点选取原则有哪些？

（3）如何确定主要检测依据？如何确定浅层平板载荷试验抽检数量和休止龄期（开始检测时间）？

（4）如何合理正确选择浅层平板载荷试验加载反力装置、荷载测量装置、变形测量装置？

（5）试验仪器、设备、配重的配置清单有哪些？怎样选择和计算浅层平板载荷试验压板尺寸、最大加载量、主次梁及千斤顶、配重、最大反力值等？

（6）如何选择浅层平板载荷试验加载方式、荷载分级、观测时间间隔、稳定标准、终止加载条件等？

（7）如何确定完成检测任务的检测工期？如何确保检测工作顺利进行的安全保障措施？

（8）请编写完成检测方案模块。

表 5-1-3　检测方案模块

序号	检测要素	检测方案模块内容

（9）请汇总检测要素的内容和数据，编制完整的检测方案（电子版）并提交。

表 5-1-4 压重平台自重计算表

```
工程名称：
检测机构：
检测人员：                          试验点号：
压板面积：_____m²；   桩径：_____mm
设计承载力特征值：_____ kPa；   千斤顶数量：_____个
试验极限值：_____kPa；   最大堆载量：_____t
堆载量明细：
1. 主梁：(     m×     m×     m) _____ 根 × _____ t/根 = _____ t
2. 副梁：(     m×     m×     m) _____ 根 × _____ t/根 = _____ t
3. 配重明细：
第一层：(     m×     m×     m) _____ 根 × _____ t/根 = _____ t
        (     m×     m×     m) _____ 根 × _____ t/根 = _____ t
        (     m×     m×     m) _____ 根 × _____ t/根 = _____ t
第二层：(     m×     m×     m) _____ 根 × _____ t/根 = _____ t
        (     m×     m×     m) _____ 根 × _____ t/根 = _____ t
        (     m×     m×     m) _____ 根 × _____ t/根 = _____ t
第三层：(     m×     m×     m) _____ 根 × _____ t/根 = _____ t
        (     m×     m×     m) _____ 根 × _____ t/根 = _____ t
        (     m×     m×     m) _____ 根 × _____ t/根 = _____ t
第四层：(     m×     m×     m) _____ 根 × _____ t/根 = _____ t
        (     m×     m×     m) _____ 根 × _____ t/根 = _____ t
        (     m×     m×     m) _____ 根 × _____ t/根 = _____ t

配重总数：_____t
4. 千斤顶上共_____t


计算人（学号）：

                                           年      月      日
```

任务工作单 2

组号：_____ 姓名：_____ 学号：_____ 检索号： 5-1-5-2

引导问题：

（1）试验准备工作有哪些？"三通一平"具体指什么？所需的机械或人工配合有哪些？

（2）如何安放承压板？如何确定承压板中心和主、次梁支墩的位置？怎样搭建加载反力装置系统？

（3）怎样搭建位移测试系统？怎样安装基准桩、基准梁？怎样安装托板？

（4）怎样连接千斤顶、油泵及油路？怎样连接压力传感器？怎样安装位移传感器（或百分表）？

（5）如何设置仪器参数？如何操作所用仪器设备？如何正确进行现场拍照？

（6）是否存在测试数据异常情况？如何分析原因？

（7）简述试验过程中的注意事项。

（8）请录制检测过程视频（至少 2 min），或提交检测过程照片（至少 4 张）。
（9）根据检测方案和现场试验流程进行检测，记录并导出检测数据和检测曲线。

表 5-1-5　检测数据和检测曲线

序号	检测要素	检测数据/检测曲线	备注

表 5-1-6　浅层平板载荷试验实操细则

项目	实操内容	操作要点
1. 安全注意事项	安全知识	1. 堆载场地及压重平台（平台支墩压应力小于 1.5 倍地基承载力，配重 1.2 倍最大加载值）。 2. 加载设备。 3. 吊装安全知识。 4. 设备安全连接。 5. 人员安全措施
2. 基准梁、基准桩及仪器安装连接	现场连接油管、千斤顶压力传感器、位移传感器	1. 基准桩及基准梁的安装是否符合规范要求。 2. 正确将进、出油管与千斤顶和油泵连接。 3. 正确将压力传感器与油泵连接。 4. 正确将位移传感器安装（安装数量、安装位置）。 5. 将各位移传感器正确连接到仪器通道。 6. 正确选择承压板
3. 采样参数设置	现场在仪器设备上设置参数，考核项目的基本信息（地基土提供承载力特征值及土层名称）	1. 正确进行试验分级。 2. 是否进行预压，预压量及时间是否正确。 3. 正确设定试验压力值，按计量检定或校准结果设定。 4. 设定完成后，仪器能否进行正常试验
4. 读数时间间隔、判稳标准及终止加荷条件的识别	浅层平板载荷试验的终止加载条件	提供原始数据表，正确判定是否能按规范要求进行下一级加载或是否能终止加载
5. 数据分析判定	分析数据并判定出试验成果	提供试验数据、P-S 曲线或 Q-S 曲线： 1. 能确定临界荷载值。 2. 能按相对变形量确定承载力特征值。 3. 能根据试验情况确定极限值

任务工作单 3

组号：_____ 姓名：_____ 学号：_____ 检索号： 5-1-5-3

引导问题：

（1）应整理哪些检测资料？

（2）根据检测得到的数据和曲线，浅层平板载荷试验如何综合分析确定每个试验点的土（岩）地基极限承载力？

（3）根据检测得到的数据和曲线，浅层平板载荷试验如何综合分析确定每个试验点的土（岩）地基承载力特征值？

（4）如何确定单位工程的土（岩）地基承载力特征值？

（5）如何编写结论？

（6）请编写完成检测报告模块。

表 5-1-7　检测报告模块

序号	检测要素	检测报告模块内容

（7）请汇总检测要素的内容和数据，编制完整的检测报告（电子版）并提交。

5.1.6　合作研学

任务工作单 1

组号：_____姓名：_____学号：_____检索号：<u>5-1-6-1</u>

引导问题：

（1）小组交流讨论，教师参与，形成正确的检测方案。

表 5-1-8　检测方案

序号	检测要素	检测方案

（2）记录自己存在的不足。

任务工作单 2

组号：_____ 姓名：_____ 学号：_____ 检索号：<u>5-1-6-2</u>

引导问题：

（1）小组交流讨论，教师参与，形成规范的检测过程、正确的检测数据和曲线。

表 5-1-9　检测数据和检测曲线

序号	检测要素	检测数据/检测曲线	备注

（2）记录自己存在的不足。

任务工作单 3

组号：_____ 姓名：_____ 学号：_____ 检索号：<u>5-1-6-3</u>

引导问题：

（1）小组交流讨论，教师参与，形成正确的检测报告。

表 5-1-10　检测报告

序号	检测要素	检测报告

（2）记录自己存在的不足。

5.1.7 展示赏学

任务工作单1

组号：_____ 姓名：_____ 学号：_____ 检索号：<u>5-1-7-1</u>

引导问题：

（1）每小组推荐一位小组长，汇报检测方案，借鉴每组经验，进一步优化检测方案。

表 5-1-11 检测方案

序号	检测要素	检测方案

（2）检讨自己存在的不足。

任务工作单 2

组号：_____ 姓名：_____ 学号：_____ 检索号：<u>5-1-7-2</u>

引导问题：

（1）每小组推荐一位小组长，简述试验过程，借鉴每组经验，进一步改进和规范现场检测。

表 5-1-12 检测方案

序号	检测要素	检测方案

（2）检讨自己存在的不足。

任务工作单 3

组号：_____ 姓名：_____ 学号：_____ 检索号： 5-1-7-3

引导问题：

（1）每小组推荐一位小组长，汇报检测报告，借鉴每组经验，进一步优化检测报告。

表 5-1-13 检测报告

序号	检测要素	检测报告

（2）检讨自己存在的不足。

5.1.8 评价反馈

任务工作单 1

组号：_____ 姓名：_____ 学号：_____ 检索号：5-1-8-1

表 5-1-14 个人自评表

班级		组名		日期	
评价指标	评价内容			分数	分数评定
信息检索能力	能有效利用网络、图书资源查找相关信息；能将查到的信息有效地运用到学习中			10分	
感知课堂生活	是否熟悉检测工作岗位，认同工作价值；在学习中是否能获得满足感，课堂氛围如何			5分	
参与态度交流沟通	积极主动与教师、同学交流，相互尊重和理解；与教师、同学之间是否能够保持多向、丰富、适宜的信息交流			10分	
	能处理好合作学习和独立思考的关系，做到有效学习；能提出有意义的问题或能发表个人见解			5分	
知识、能力获得情况	掌握了浅层平板载荷试验的相关知识			10分	
	能正确选择并搭设加载反力装置、荷载测量装置、变形测量装置			18分	
	能正确选择并计算承压板尺寸			2分	
	能正确选择连接、安装仪器设备			10分	
	能正确进行参数设置、分级加卸载检测并读数判稳			10分	
	能准确分析曲线、确定承载力、得出正确结论			10分	
思维态度	是否能发现问题、提出问题、分析问题、解决问题、创新问题			5分	
自评反思	按时按质完成任务；较好地掌握了知识点；具有较强的信息分析能力和理解能力；具有较为全面严谨的思维能力，并能条理清楚明晰表达成文			5分	
自评分数					
有益的经验和做法					
总结反馈建议					

任务工作单 2

被评组号：_____   检索号： 5-1-8-2

表 5-1-15　互评表

班级		评价小组		日期		
评价指标		评价内容		分数	小组内评定分数	小组间评定分数
汇报表述		表述准确		15 分		
		语言流畅		10 分		
		准确反映该组完成情况		15 分		
内容正确度		内容正确		30 分		
		句型表达到位		30 分		
互评分数				100 分		
简要评述						

任务工作单 3

组号：_____ 姓名：_____ 学号：_____ 检索号：5-1-8-3

表 5-1-16　教师评价表

<table>
<tr><td colspan="2">班级</td><td colspan="2">组名</td><td>姓名</td><td colspan="2"></td></tr>
<tr><td colspan="2">出勤情况</td><td colspan="3"></td><td colspan="2"></td></tr>
<tr><td rowspan="2">评价内容</td><td rowspan="2">评价要点</td><td rowspan="2" colspan="2">考察要点</td><td rowspan="2">分数</td><td colspan="2">教师评定</td></tr>
<tr><td>结论</td><td>分数</td></tr>
<tr><td rowspan="2">1. 查阅文献情况</td><td rowspan="2">任务实施过程中文献查阅</td><td colspan="2">（1）是否查阅信息资料</td><td rowspan="2">5分</td><td></td><td></td></tr>
<tr><td colspan="2">（2）正确运用信息资料</td><td></td><td></td></tr>
<tr><td rowspan="2">2. 互动交流情况</td><td rowspan="2">组内交流，教学互动</td><td colspan="2">（1）积极参与交流</td><td rowspan="2">5分</td><td></td><td></td></tr>
<tr><td colspan="2">（2）主动接受教师指导</td><td></td><td></td></tr>
<tr><td rowspan="6">3. 任务完成情况</td><td rowspan="2">检测方案</td><td colspan="2">（1）内容表达清楚，酌情赋分</td><td rowspan="2">10分</td><td></td><td></td></tr>
<tr><td colspan="2">（2）内容正确，错一处扣2分</td><td></td><td></td></tr>
<tr><td rowspan="2">现场检测</td><td colspan="2">（1）内容表达清楚，酌情赋分</td><td rowspan="2">10分</td><td></td><td></td></tr>
<tr><td colspan="2">（2）内容正确，错一处扣2分</td><td></td><td></td></tr>
<tr><td rowspan="2">检测报告</td><td colspan="2">（1）内容表达清楚，酌情赋分</td><td rowspan="2">20分</td><td></td><td></td></tr>
<tr><td colspan="2">（2）内容正确，错一处扣2分</td><td></td><td></td></tr>
<tr><td rowspan="7">4. 素质目标达成情况</td><td>团队协作</td><td colspan="2">根据情况，酌情赋分</td><td>5分</td><td></td><td></td></tr>
<tr><td>自主学习</td><td colspan="2">根据情况，酌情赋分</td><td>10分</td><td></td><td></td></tr>
<tr><td>课堂纪律</td><td colspan="2">根据情况，酌情赋分</td><td>10分</td><td></td><td></td></tr>
<tr><td>出勤情况</td><td colspan="2">缺勤1次扣2分</td><td>10分</td><td></td><td></td></tr>
<tr><td>培养讲原则、守规矩的意识</td><td colspan="2">根据情况，酌情扣分</td><td>5分</td><td></td><td></td></tr>
<tr><td>培养精益求精的工匠精神</td><td colspan="2">根据情况，酌情扣分</td><td>5分</td><td></td><td></td></tr>
<tr><td>培养热爱劳动的品质</td><td colspan="2">根据情况，酌情扣分</td><td>5分</td><td></td><td></td></tr>
<tr><td colspan="4">合　计</td><td>100分</td><td></td><td></td></tr>
</table>

任务 5.2 复合地基载荷试验

5.2.1 任务目标

（1）掌握复合地基载荷试验的基本知识和检测流程；
（2）掌握复合地基载荷试验的检测方法；
（3）能够熟练操作检测仪器设备；
（4）能够掌握检测试验步骤、数据处理、结果评定；
（5）能够编制复合地基载荷试验的检测方案及检测报告；
（6）培养学生讲原则、守规矩的意识及精益求精的工匠精神；
（7）培养学生自主学习和团队协作的精神；
（8）培养学生热爱劳动的意识。

5.2.2 任务描述

本工程基础设计采用筏板基础，复合地基采用水泥粉煤灰碎石桩（CFG桩）。CFG桩须采用振动沉管灌注成桩方式。总桩数51根，设计桩间土为素填土，其地基承载力特征值不小于 50 kPa。桩基施工前应对素填土进行压实。桩端持力层为泥岩层，桩端进入持力层不小于1.5 m，桩长不小于17 m，施工桩长17~22 m，平均桩长约20 m。桩间距2 m，桩径 D=500 mm，桩身混凝土等级C20，试块抗压强度20 MPa，泵送商品混凝土塌落度160~180 mm。设计复合地基承载力特征值不小于 230 kPa，D500桩置换率不小于4.9%，CFG桩单桩竖向承载力特征值为735 kN。

完成复合地基载荷试验验收检测，写出检测方案和检测报告。

分析任务要求，得出任务清单，见表5-2-1。

表5-2-1 任务清单

任务内容	任务要求	验收方式
完成检测方案	结构清晰、内容完整、文字简洁、符合《建筑地基检测技术规范》（JGJ 340—2015）要求	材料提交
根据检测方法与试验步骤完成现场检测	实现任务现场检测要求、满足《建筑地基检测技术规范》（JGJ 340—2015）实操要求	过程展示、材料提交
完成检测报告	结构清晰、内容完整、文字简洁、符合《建筑地基检测技术规范》（JGJ 340—2015）要求	材料提交

5.2.3 任务分析与分配

1. 重 点

（1）检测方案的完整性；

（2）仪器连接安装的准确性；
（3）检测过程操作的规范性；
（4）检测报告的完整性。

2. 难　点

（1）试验数据和曲线分析的准确性；
（2）结果评定和检测结论的准确性。

3. 任务分组

小组讨论后确定人员分工及进度安排，见表 5-2-2。

表 5-2-2　学生任务分配表

班级		组号		指导教师	
组长		学号			
组员					
任务分工	人员		时间安排		备注
复合地基载荷试验检测方案					
复合地基载荷试验现场检测					
复合地基载荷试验检测报告					

5.2.4 相关知识链接

1. 复合地基载荷试验的一般规定

请同学们通过查阅配套教材《地基基础工程检测技术（学习手册）》项目 1 任务 1.2 的内容学习，或学习《建筑地基检测技术规范》（JGJ 340—2015）第 5.1 ~ 5.2 节的规定。

复合地基静载现场试验

2. 复合地基载荷试验现场检测技术方法

请同学们通过查阅配套教材《地基基础工程检测技术（学习手册）》项目 1 任务 1.2 的内容学习；或学习《建筑地基检测技术规范》（JGJ 340—2015）第 5.3 节的规定。

3. 复合地基载荷试验数据分析

请同学们通过查阅配套教材《地基基础工程检测技术（学习手册）》项目 1 任务 1.2 的内容学习，或学习《建筑地基检测技术规范》（JGJ 340—2015）第 5.4 节的规定。

4. 素质目标的养成

（1）根据知识点描述或者技能点训练，引导学生养成职业素养。在检测过程中，培养学生严格按照操作规程进行操作的意识和精益求精的工作作风。

（2）在检测过程中，要有讲原则、守规矩的意识；在检测完成后，要认真打扫场地，规范摆放仪器及工具，养成热爱劳动的意识。

5.2.5 自主探学

同学们通过查阅教材、听课、扫描二维码学习、上网搜索、讨论等方式获取任务工单中问题的答案，并填写表格中的空白内容，确保任务顺利实施。

任务工作单 1

组号：_____ 姓名：_____ 学号：_____ 检索号：5-2-5-1

引导问题：

（1）简述工程概况及试验目的。

（2）应收集哪些资料？试验点选取原则有哪些？

（3）如何确定主要检测依据？如何确定复合地基载荷试验抽检数量和休止龄期（开始检测时间）？

（4）如何合理正确选择复合地基载荷试验加载反力装置、荷载测量装置、变形测量装置？

（5）怎样计算复合地基载荷试验承压板尺寸？

（6）试验仪器、设备、配重的配置清单有哪些？怎样选择和计算最大加载量、主次梁及千斤顶、配重、最大反力值等？

（7）如何选择复合地基载荷试验加载方式、荷载分级、观测时间间隔、稳定标准、终止加载条件等？

（8）如何确定完成检测任务的检测工期？如何确保检测工作顺利进行的安全保障措施？

（9）请编写完成检测方案模块。

表 5-2-3　检测方案模块

序号	检测要素	检测方案模块内容

（10）请汇总检测要素的内容和数据，编制完整的检测方案（电子版）并提交。

表 5-2-4 压重平台自重计算表

工程名称：
检测机构：
检测人员：　　　　　　　　　　　　　试验点号：
压板面积：_____m²； 桩径：_____mm
设计承载力特征值：_____ kPa； 千斤顶数量：_____个
试验极限值：_____kPa； 最大堆载量：_____t
堆载量明细：
1. 主梁：(　　m×　　m×　　m) _____ 根 × _____ t/根 = _____ t
2. 副梁：(　　m×　　m×　　m) _____ 根 × _____ t/根 = _____ t
3. 配重明细：
第一层：(　　m×　　m×　　m) _____ 根 × _____ t/根 = _____ t
　　　　(　　m×　　m×　　m) _____ 根 × _____ t/根 = _____ t
　　　　(　　m×　　m×　　m) _____ 根 × _____ t/根 = _____ t
第二层：(　　m×　　m×　　m) _____ 根 × _____ t/根 = _____ t
　　　　(　　m×　　m×　　m) _____ 根 × _____ t/根 = _____ t
　　　　(　　m×　　m×　　m) _____ 根 × _____ t/根 = _____ t
第三层：(　　m×　　m×　　m) _____ 根 × _____ t/根 = _____ t
　　　　(　　m×　　m×　　m) _____ 根 × _____ t/根 = _____ t
　　　　(　　m×　　m×　　m) _____ 根 × _____ t/根 = _____ t
第四层：(　　m×　　m×　　m) _____ 根 × _____ t/根 = _____ t
　　　　(　　m×　　m×　　m) _____ 根 × _____ t/根 = _____ t
　　　　(　　m×　　m×　　m) _____ 根 × _____ t/根 = _____ t
配重总数：_____t
4. 千斤顶上共_____t

计算人（学号）：

　　　　　　　　　　　　　　　　　　　　　年　　月　　日

任务工作单 2

组号：_____ 姓名：_____ 学号：_____ 检索号：<u>5-2-5-2</u>

引导问题：

（1）试验准备工作有哪些？"三通一平"具体指什么？所需的机械或人工配合有哪些？

（2）如何安放承压板？如何确定承压板中心和主、次梁支墩的位置？怎样搭建加载反力装置系统？

（3）怎样搭建位移测试系统？怎样安装基准桩、基准梁？怎样安装托板？

（4）怎样连接千斤顶、油泵及油路？怎样连接压力传感器？怎样安装位移传感器（或百分表）？

（5）如何设置仪器参数？如何操作所用仪器设备？如何正确进行现场拍照？

（6）是否存在测试数据异常情况？如何分析原因？

（7）简述试验过程中的注意事项。

(8)请录制检测过程视频(至少 2 min),或提交检测过程照片(至少 4 张)。

(9)根据检测方案和现场试验流程进行检测,记录并导出检测数据和检测曲线。

表 5-2-5 检测数据和检测曲线

序号	检测要素	检测数据/检测曲线	备注

表 5-2-6 复合地基载荷试验实操

项目	考核内容	操作要点
1. 安全注意事项	安全知识	1. 堆载场地及压重平台(平台支墩压应力小于 1.5 倍地基承载力,配重 1.2 倍最大加载值)。 2. 加载设备。 3. 吊装安全知识。 4. 设备安全连接。 5. 人员安全措施
2. 基准梁、基准桩及仪器安装连接	现场连接油管、千斤顶压力传感器、位移传感器	1. 基准桩及基准梁的安装是否符合规范要求。 2. 正确将进、出油管与千斤顶和油泵连接。 3. 正确将压力传感器与油泵连接。 4. 正确将位移传感器安装(安装数量、安装位置)。 5. 将各位移传感器正确连接到仪器通道。 6. 正确选择承压板
3. 采样参数设置	现场在仪器设备上设置参数,考核项目的基本信息(复合地基提供置换率、桩径、承载力特征值及土层名称)	1. 正确进行试验分级。 2. 是否进行预压,预压量及时间是否正确。 3. 正确设定试验压力值,按计量检定或校准结果设定。 4. 设定完成后,仪器能否进行正常试验
4. 读数时间间隔、判稳标准及终止加荷条件的识别	复合地基载荷试验的终止加载条件	提供原始数据表,正确判定是否能按规范要求进行下一级加载或是否能终止加载
5. 数据分析判定	分析数据并判定试验成果	提供试验数据、P-S 曲线或 Q-S 曲线: 1. 能确定临界荷载值。 2. 能按相对变形量确定承载力特征值。 3. 能根据试验情况确定极限值

任务工作单 3

组号：_____ 姓名：_____ 学号：_____ 检索号：<u>5-2-5-3</u>

引导问题：

（1）应整理哪些检测资料？

（2）根据检测得到的数据和曲线，复合地基载荷试验如何综合分析确定每个试验点的复合地基极限承载力？

（3）根据检测得到的数据和曲线，复合地基载荷试验如何综合分析确定每个试验点的复合地基承载力特征值？

（4）如何确定单位工程的复合地基承载力特征值？

（5）如何编写结论？

（6）请编写完成检测报告模块。

表 5-2-7　检测报告模块

序号	检测要素	检测报告模块内容

（7）请汇总检测要素的内容和数据，编制完整的检测报告（电子版）并提交。

5.2.6 合作研学

任务工作单 1

组号：_____ 姓名：_____ 学号：_____ 检索号：<u>5-2-6-1</u>

引导问题：

（1）小组交流讨论，教师参与，形成正确的检测方案。

表 5-2-8 检测方案

序号	检测要素	检测方案

（2）记录自己存在的不足。

任务工作单 2

组号：_____ 姓名：_____ 学号：_____ 检索号：<u>5-2-6-2</u>

引导问题：

（1）小组交流讨论，教师参与，形成规范的检测过程、正确的检测数据和曲线。

表 5-2-9　检测数据和检测曲线

序号	检测要素	检测数据/检测曲线	备注

（2）记录自己存在的不足。

任务工作单 3

组号：_____ 姓名：_____ 学号：_____ 检索号： 5-2-6-3

引导问题：

(1) 小组交流讨论，教师参与，形成正确的检测报告。

表 5-2-10 检测报告

序号	检测要素	检测报告

(2) 记录自己存在的不足。

5.2.7 展示赏学

任务工作单 1

组号：_____ 姓名：_____ 学号：_____ 检索号：<u>5-2-7-1</u>

引导问题：

（1）每小组推荐一位小组长，汇报检测方案，借鉴每组经验，进一步优化检测方案。

表 5-2-11 检测方案

序号	检测要素	检测方案

（2）检讨自己存在的不足。

任务工作单 2

组号：_____ 姓名：_____ 学号：_____ 检索号：<u>5-2-7-2</u>

引导问题：

（1）每小组推荐一位小组长，简述试验过程，借鉴每组经验，进一步改进和规范现场检测。

表 5-2-12 检测方案

序号	检测要素	检测方案

（2）检讨自己存在的不足。

任务工作单 3

组号：_____ 姓名：_____ 学号：_____ 检索号：<u>5-2-7-3</u>

引导问题：

（1）每小组推荐一位小组长，汇报检测报告，借鉴每组经验，进一步优化检测报告。

表 5-2-13　检测报告

序号	检测要素	检测报告

（2）检讨自己存在的不足。

5.2.8 评价反馈

任务工作单 1

组号：_____ 姓名：_____ 学号：_____ 检索号：5-2-8-1

表 5-2-14 个人自评表

班级		组名		日期	
评价指标	评价内容			分数	分数评定
信息检索能力	能有效利用网络、图书资源查找有用的相关信息等；能将查到的信息有效地运用到学习中			10分	
感知课堂生活	是否熟悉检测工作岗位，认同工作价值；在学习中是否能获得满足感，课堂氛围如何			5分	
参与态度交流沟通	积极主动与教师、同学交流，相互尊重和理解；与教师、同学之间是否能够保持多向、丰富、适宜的信息交流			10分	
	能处理好合作学习和独立思考的关系，做到有效学习；能提出有意义的问题或能发表个人见解			5分	
知识、能力获得情况	掌握了复合地基载荷试验的相关知识			10分	
	能正确选择并搭设加载反力装置、荷载测量装置、变形测量装置			10分	
	能正确计算承压板尺寸			10分	
	能正确选择连接、安装仪器设备			10分	
	能正确进行参数设置、分级加卸载检测并读数判稳			10分	
	能准确分析曲线、确定承载力、得出正确结论			10分	
思维态度	是否能发现问题、提出问题、分析问题、解决问题、创新问题			5分	
自评反思	按时按质完成任务；较好地掌握了知识点；具有较强的信息分析能力和理解能力；具有较为全面严谨的思维能力，并能条理清楚明晰表达成文			5分	
自评分数					
有益的经验和做法					
总结反馈建议					

任务工作单 2

被评组号：_____ 检索号：5-2-8-2

表 5-2-15　互评表

班级		评价小组		日期	
评价指标	评价内容		分数	小组内评定分数	小组间评定分数
汇报表述	表述准确		15 分		
	语言流畅		10 分		
	准确反映该组完成情况		15 分		
内容正确度	内容正确		30 分		
	句型表达到位		30 分		
	互评分数		100 分		
简要评述					

任务工作单 3

组号：_____ 姓名：_____ 学号：_____ 检索号：5-2-8-3

表 5-2-16 教师评价表

班级		组名		姓名	
出勤情况					
评价内容	评价要点	考察要点	分数	老师评定	
				结论	分数
1. 查阅文献情况	任务实施过程中文献查阅	（1）是否查阅信息资料	5分		
		（2）正确运用信息资料			
2. 互动交流情况	组内交流，教学互动	（1）积极参与交流	5分		
		（2）主动接受教师指导			
3. 任务完成情况	检测方案	（1）内容表达清楚，酌情赋分	10分		
		（2）内容正确，错一处扣2分			
	现场检测	（1）内容表达清楚，酌情赋分	20分		
		（2）内容正确，错一处扣2分			
	检测报告	（1）内容表达清楚，酌情赋分	10分		
		（2）内容正确，错一处扣2分			
4. 素质目标达成情况	团队协作	根据情况，酌情赋分	5分		
	自主学习	根据情况，酌情赋分	10分		
	课堂纪律	根据情况，酌情赋分	10分		
	出勤情况	缺勤1次扣2分	10分		
	培养讲原则、守规矩的意识	根据情况，酌情扣分	5分		
	培养精益求精的工匠精神	根据情况，酌情扣分	5分		
	培养热爱劳动的品质	根据情况，酌情扣分	5分		
合 计			100分		

项目 6　基桩承载力的检测

任务 6.1　单桩竖向抗压静载试验

6.1.1　任务目标

（1）掌握单桩竖向抗压静载试验的基本知识和检测流程；
（2）掌握单桩竖向抗压静载试验的检测方法；
（3）能够熟练操作检测仪器设备；
（4）能够掌握检测试验步骤、数据处理、结果评定；
（5）能够编制单桩竖向抗压静载试验的检测方案及检测报告；
（6）培养学生讲原则、守规矩的意识及专心细致的工作作风；
（7）培养学生自主学习、团队协作和吃苦耐劳的精神；
（8）培养学生的安全责任意识。

6.1.2　任务描述

本工程 2#地基基础设计等级为甲级，桩基设计等级为甲级。基础采用静压预应力管桩，管桩型号均为 PHC 500 AB 125 型桩，总桩数 133 根，桩身直径 500 mm，施工桩长 27.00～34.80 m，其单桩承载力特征值 R_a=2 000 kN，桩端持力层为圆砾层或强风化粉砂质泥岩层。

完成单桩竖向抗压静载试验验收检测，写出检测方案和检测报告。

分析任务要求，得出任务清单，见表 6-1-1。

表 6-1-1　任务清单

任务内容	任务要求	验收方式
完成检测方案	结构清晰、内容完整、文字简洁、符合《建筑基桩检测技术规范》(JGJ 106—2014)要求	材料提交
根据检测方法与试验步骤完成现场检测	实现任务现场检测要求、满足《建筑基桩检测技术规范》(JGJ 106—2014)实操要求	过程展示、材料提交
完成检测报告	结构清晰、内容完整、文字简洁、符合《建筑基桩检测技术规范》(JGJ 106—2014)要求	材料提交

6.1.3　任务分析与分配

1. 重　点

(1) 检测方案的完整性；
(2) 仪器连接安装的准确性；
(3) 检测过程操作的规范性；
(4) 检测报告的完整性。

2. 难　点

(1) 试验数据和曲线分析的准确性；
(2) 结果评定和检测结论的准确性。

3. 任务分组

小组讨论后确定人员分工及进度安排，见表 6-1-2。

6.1.4　相关知识链接

1. 单桩竖向抗压静载试验的一般规定

请同学们通过查阅配套教材《地基基础工程检测技术(学习手册)》项目 2 任务 2.1~2.2 的内容学习，或学习《建筑基桩检测技术规范》(JGJ 106—2014) 第 4.1~4.2 节的规定。

单桩竖向抗压静载试验

2. 单桩竖向抗压静载试验现场检测技术方法

请同学们通过查阅配套教材《地基基础工程检测技术(学习手册)》项目 2 任务 2.2 的内容学习，或学习《建筑基桩检测技术规范》(JGJ 106—2014) 第 4.3 节的规定。

3. 单桩竖向抗压静载试验数据分析

请同学们通过查阅配套教材《地基基础工程检测技术(学习手册)》项目 2 任务 2.2 的内容学习，或学习《建筑基桩检测技术规范》(JGJ 106—2014) 第 4.4 节的规定。

表 6-1-2　学生任务分配表

班级		组号		指导教师	
组长		学号			
组员					
任务分工	人员		时间安排		备注
单桩竖向抗压静载试验检测方案					
单桩竖向抗压静载试验现场检测					
单桩竖向抗压静载试验检测报告					

4. 素质目标的养成

（1）根据知识点描述或者技能点训练，引导学生养成安全责任意识。在检测过程中，培养学生严格按照操作规程进行操作的意识和专心细致的工作作风。

（2）在检测过程中，要有讲原则、守规矩的意识；在检测完成后，要认真打扫场地，规范摆放仪器及工具，养成吃苦耐劳的精神。

6.1.5　自主探学

同学们通过查阅教材、听课、扫描二维码学习、上网搜索、讨论等方式获取任务工单中问题的答案，并填写表格中的空白内容，确保任务顺利实施。

任务工作单 1

组号：_____ 姓名：_____ 学号：_____ 检索号：<u>6-1-5-1</u>

引导问题：

（1）简述工程概况及试验目的。

（2）应收集哪些资料？试桩选取原则有哪些？

（3）如何确定主要检测依据？如何确定单桩竖向抗压静载试验抽检数量和休止龄期（开始检测时间）？

（4）如何合理正确选择单桩竖向抗压静载试验加载反力装置、荷载测量装置、变形测量装置？

（5）试验仪器、设备、配重的配置清单有哪些？怎样选择和计算单桩竖向抗压静载试验压板尺寸、最大加载量、主次梁及千斤顶、配重、最大反力值等？

（6）如何选择单桩竖向抗压静载试验加载方式、荷载分级、观测时间间隔、稳定标准、终止加载条件等？

（7）如何确定完成检测任务的检测工期？如何确保检测工作顺利进行的安全保障措施？

（8）请编写完成检测方案模块。

表 6-1-3　检测方案模块

序号	检测要素	检测方案模块内容

（9）请汇总检测要素的内容和数据，编制完整的检测方案（电子版）并提交。

表 6-1-4　压重平台自重计算表

工程名称：
检测机构：
检测人员：　　　　　　　　　　　　试验点号：
压板面积：＿＿＿＿m²；　桩径：＿＿＿＿mm
设计承载力特征值：＿＿＿＿＿ kPa；　千斤顶数量：＿＿＿＿个
试验极限值：＿＿＿＿＿＿＿＿kPa；　最大堆载量：＿＿＿＿ t
堆载量明细：
1. 主梁：(　　m×　　m×　　m) ＿＿ 根 × ＿＿＿＿t/根＝＿＿＿＿t
2. 副梁：(　　m×　　m×　　m) ＿＿ 根 × ＿＿＿＿t/根＝＿＿＿＿t
3. 配重明细：
第一层：(　　m×　　m×　　m) ＿＿ 根 × ＿＿＿＿t/根＝＿＿＿＿t
　　　　(　　m×　　m×　　m) ＿＿ 根 × ＿＿＿＿t/根＝＿＿＿＿t
　　　　(　　m×　　m×　　m) ＿＿ 根 × ＿＿＿＿t/根＝＿＿＿＿t
第二层：(　　m×　　m×　　m) ＿＿ 根 × ＿＿＿＿t/根＝＿＿＿＿t
　　　　(　　m×　　m×　　m) ＿＿ 根 × ＿＿＿＿t/根＝＿＿＿＿t
　　　　(　　m×　　m×　　m) ＿＿ 根 × ＿＿＿＿t/根＝＿＿＿＿t
第三层：(　　m×　　m×　　m) ＿＿ 根 × ＿＿＿＿t/根＝＿＿＿＿t
　　　　(　　m×　　m×　　m) ＿＿ 根 × ＿＿＿＿t/根＝＿＿＿＿t
　　　　(　　m×　　m×　　m) ＿＿ 根 × ＿＿＿＿t/根＝＿＿＿＿t
第四层：(　　m×　　m×　　m) ＿＿ 根 × ＿＿＿＿t/根＝＿＿＿＿t
　　　　(　　m×　　m×　　m) ＿＿ 根 × ＿＿＿＿t/根＝＿＿＿＿t
　　　　(　　m×　　m×　　m) ＿＿ 根 × ＿＿＿＿t/根＝＿＿＿＿t
配重总数：＿＿＿＿＿＿t
4. 千斤顶上共＿＿＿＿＿＿＿t

计算人（学号）：

　　　　　　　　　　　　　　　　　　年　　　月　　　日

任务工作单 2

组号：_____ 姓名：_____ 学号：_____ 检索号：6-1-5-2

引导问题：

（1）试验准备工作有哪些？"三通一平"具体指什么？所需的机械或人工配合有哪些？

（2）如何进行桩头处理？

（3）如何安放承压板？如何确定承压板中心和主、次梁支墩的位置？怎样搭建加载反力装置系统？

（4）怎样搭建位移测试系统？怎样安装基准桩、基准梁？怎样安装托板？

（5）怎样连接千斤顶、油泵及油路？怎样连接压力传感器？怎样安装位移传感器（或百分表）？

（6）如何设置仪器参数？如何操作所用仪器设备？如何正确进行现场拍照？

（7）是否存在测试数据异常情况？如何分析原因？

（8）简述试验过程中的注意事项。

（9）请录制检测过程视频（至少 2 min），或提交检测过程照片（至少 4 张）。

（10）根据检测方案和现场试验流程进行检测，记录并导出检测数据和检测曲线。

表 6-1-5　检测数据和检测曲线

序号	检测要素	检测数据/检测曲线	备注

表 6-1-6　单桩竖向抗压静载试验实操细则

项目	考核内容	操作要点
1. 安全注意事项	安全知识	1. 堆载场地及压重平台（平台支墩压应力小于1.5倍地基承载力，配重1.2倍最大加载值）。 2. 加载设备。 3. 吊装安全知识。 4. 设备安全连接。 5. 人员安全措施
2. 基准梁、基准桩及仪器安装连接	现场连接油管、千斤顶、压力传感器、位移传感器	1. 基准桩及基准梁的安装是否符合规范要求。 2. 正确将进、出油管与千斤顶和油泵连接。 3. 正确将压力传感器与油泵连接。 4. 正确将位移传感器安装（安装数量、安装位置）。 5. 将各位移传感器正确连接到仪器通道。 6. 正确选择承压板
3. 采样参数设置	现场在仪器设备上设置参数，考核项目的基本信息（基桩提供单桩竖向抗压承载力、桩径）	1. 正确进行试验分级。 2. 是否进行预压，预压量及时间是否正确。 3. 正确设定试验压力值，按计量检定或校准结果设定。 4. 设定完成后，仪器能否进行正常试验
4. 读数时间间隔、判稳标准及终止加荷条件的识别	单桩竖向抗压静载试验的终止加载条件	提供原始数据表，正确判定是否能按规范要求进行下一级加载或是否能终止加载
5. 数据分析判定	分析数据并判定出试验成果	提供试验数据、$P\text{-}S$ 曲线或 $Q\text{-}S$ 曲线： 1. 能确定临界荷载值。 2. 能按相对变形量确定承载力特征值。 3. 能根据试验情况确定极限值

任务工作单 3

组号：_____ 姓名：_____ 学号：_____ 检索号：<u>6-1-5-3</u>

引导问题：

（1）应整理哪些检测资料？

（2）根据检测得到的数据和曲线，单桩竖向抗压静载试验如何综合分析确定单桩竖向抗压极限承载力？

（3）根据检测得到的数据和曲线，单桩竖向抗压静载试验如何综合分析确定单桩竖向抗压承载力特征值？

（4）如何确定单位工程的单桩竖向抗压承载力特征值？

（5）如何编写结论？

（6）请编写完成检测报告模块。

表 6-1-7 检测报告模块

序号	检测要素	检测报告模块内容

（7）请汇总检测要素的内容和数据，编制完整的检测报告（电子版）并提交。

6.1.6　合作研学

任务工作单 1

组号：_____ 姓名：_____ 学号：_____ 检索号：<u>6-1-6-1</u>

引导问题：

（1）小组交流讨论，教师参与，形成正确的检测方案。

表 6-1-8　检测方案

序号	检测要素	检测方案

（2）记录自己存在的不足。

任务工作单 2

组号：_____ 姓名：_____ 学号：_____ 检索号：6-1-6-2

引导问题：

(1) 小组交流讨论，教师参与，形成规范的检测过程、正确的检测数据和曲线。

表 6-1-9　检测数据和检测曲线

序号	检测要素	检测数据/检测曲线	备注

(2) 记录自己存在的不足。

任务工作单 3

组号：_____ 姓名：_____ 学号：_____ 检索号：<u>6-1-6-3</u>

引导问题：

（1）小组交流讨论，教师参与，形成正确的检测报告。

表 6-1-10　检测报告

序号	检测要素	检测报告

（2）记录自己存在的不足。

6.1.7 展示赏学

任务工作单 1

组号：_____ 姓名：_____ 学号：_____ 检索号：<u>6-1-7-1</u>

引导问题：

（1）每小组推荐一位小组长，汇报检测方案，借鉴每组经验，进一步优化检测方案。

表 6-1-11 检测方案

序号	检测要素	检测方案

（2）检讨自己存在的不足。

任务工作单 2

组号：_____ 姓名：_____ 学号：_____ 检索号： 6-1-7-2

引导问题：

（1）每小组推荐一位小组长，简述试验过程，借鉴每组的经验，进一步改进和规范现场检测。

表 6-1-12　检测方案

序号	检测要素	检测方案

（2）检讨自己存在的不足。

任务工作单 3

组号：_____ 姓名：_____ 学号：_____ 检索号：<u>6-1-7-3</u>

引导问题：

（1）每小组推荐一位小组长，汇报检测报告，借鉴每组的经验，进一步优化检测报告。

表 6-1-13　检测报告

序号	检测要素	检测报告

（2）检讨自己存在的不足。

6.1.8 评价反馈

任务工作单 1

组号：_____ 姓名：_____ 学号：_____ 检索号：6-1-8-1

表 6-1-14 个人自评表

班级		组名		日期	
评价指标	评价内容			分数	分数评定
信息检索能力	能有效利用网络、图书资源查找有用的相关信息等；能将查到的信息有效地运用到学习中			10分	
感知课堂生活	是否熟悉检测工作岗位，认同工作价值；在学习中是否能获得满足感，课堂氛围如何			5分	
参与态度交流沟通	积极主动与教师、同学交流，相互尊重、理解；与教师、同学之间是否能够保持多向、丰富、适宜的信息交流			10分	
	能处理好合作学习和独立思考的关系，做到有效学习；能提出有意义的问题或能发表个人见解			5分	
知识、能力获得情况	掌握了单桩竖向抗压静载试验的相关知识			10分	
	能正确进行桩头处理			5分	
	能正确选择并搭设加载反力装置、荷载测量装置、变形测量装置			15分	
	能正确选择连接、安装仪器设备			10分	
	能正确进行参数设置、分级加卸载检测并读数判稳			10分	
	能准确分析曲线、确定承载力、得出正确结论			10分	
思维态度	是否能发现问题、提出问题、分析问题、解决问题、创新问题			5分	
自评反思	按时按质完成任务；较好地掌握了知识点；具有较强的信息分析能力和理解能力；具有较为全面严谨的思维能力，并能条理清楚明晰表达成文			5分	
自评分数					
有益的经验和做法					
总结反馈建议					

任务工作单 2

被评组号：_____ 检索号：6-1-8-2

表 6-1-15　互评表

班级		评价小组		日期		
评价指标	评价内容		分数		小组内评定分数	小组间评定分数
汇报表述	表述准确		15 分			
	语言流畅		10 分			
	准确反映该组完成情况		15 分			
内容正确度	内容正确		30 分			
	句型表达到位		30 分			
	互评分数		100 分			
简要评述						

任务工作单 3

组号：_____姓名：_____学号：_____检索号： 6-1-8-3

表 6-1-16 教师评价表

班级			组名		姓名	
出勤情况						
评价内容	评价要点	考察要点		分数	老师评定	
					结论	分数
1. 查阅文献情况	任务实施过程中文献查阅	（1）是否查阅信息资料		5分		
		（2）正确运用信息资料				
2. 互动交流情况	组内交流，教学互动	（1）积极参与交流		5分		
		（2）主动接受教师指导				
3. 任务完成情况	检测方案	（1）内容表达清楚，酌情赋分		10分		
		（2）内容正确，错一处扣2分				
	现场检测	（1）内容表达清楚，酌情赋分		20分		
		（2）内容正确，错一处扣2分				
	检测报告	（1）内容表达清楚，酌情赋分		10分		
		（2）内容正确，错一处扣2分				
4. 素质目标达成情况	团队协作	根据情况，酌情赋分		5分		
	自主学习	根据情况，酌情赋分		10分		
	课堂纪律	根据情况，酌情赋分		10分		
	出勤情况	缺勤1次扣2分		10分		
	培养讲原则、守规矩的意识	根据情况，酌情扣分		5分		
	培养精益求精的工匠精神	根据情况，酌情扣分		5分		
	培养热爱劳动的品质	根据情况，酌情扣分		5分		
合　　计				100分		

任务 6.2　单桩竖向抗拔静载试验

6.2.1　任务目标

（1）掌握单桩竖向抗拔静载试验的基本知识和检测流程；
（2）掌握单桩竖向抗拔静载试验的检测方法；
（3）能够熟练操作检测仪器设备；
（4）能够掌握检测试验步骤、数据处理、结果评定；
（5）能够编制单桩竖向抗拔静载试验的检测方案及检测报告；
（6）培养学生讲原则、守规矩的意识及专心细致的工作作风；
（7）培养学生自主学习、团队协作和吃苦耐劳的精神；
（8）培养学生"百年大计、安全第一"的责任意识。

6.2.2　任务描述

本工程为南宁市新民路某小区危旧房改住房改造项目二期工程（A地块），地基基础设计等级为甲级，主楼部分采用现浇钢筋混凝+筏板基础，裙房及纯地下室抗浮采用旋挖钻孔灌注桩基础，桩类型为摩擦桩，且为抗拔桩，桩身直径1 000 mm。Z_1桩进入泥岩小于等于8层且大于等于7 m，且桩长不小于13 m。Z_2桩进入泥岩小于等于8层且大于等于10 m，桩长大于等于16 m。本地下室范围内约258根桩，桩身混凝土强度等级为C35，具体参数见表6-2-1。完成单桩竖向抗拔静载试验验收检测，写出检测方案和检测报告。

表6-2-1　旋挖（钻孔）桩参数

桩编号	桩身直径 d/mm	扩大头直径 D/mm	单桩竖向抗拔承载力特征值/kN	单桩竖向承载力特征值/kN	根数
Z_1	1 000	1 000	1 300	1 550	246
Z_2	1 000	1 000	1 650	2 000	12

分析任务要求，得出任务清单，见表6-2-2。

表6-2-2　任务清单

任务内容	任务要求	验收方式
完成检测方案	结构清晰、内容完整、文字简洁、符合《建筑基桩检测技术规范》（JGJ 106—2014）要求	材料提交
根据检测方法与试验步骤完成现场检测	实现任务现场检测要求、满足《建筑基桩检测技术规范》（JGJ 106—2014）实操要求	过程展示、材料提交
完成检测报告	结构清晰、内容完整、文字简洁、符合《建筑基桩检测技术规范》（JGJ 106—2014）要求	材料提交

6.2.3 任务分析与分配

1. 重　点

（1）检测方案的完整性；
（2）仪器连接安装的准确性；
（3）检测过程操作的规范性；
（4）检测报告的完整性。

2. 难　点

（1）试验数据和曲线分析的准确性；
（2）结果评定和检测结论的准确性。

3. 任务分组

小组讨论后确定人员分工及进度安排，见表 6-2-3。

6.2.4 相关知识链接

1. 单桩竖向抗拔静载试验的一般规定

单桩抗拔静载现场试验

请同学们通过查阅配套教材《地基基础工程检测技术（学习手册）》项目 2 任务 2.1～2.2 的内容学习，或学习《建筑基桩检测技术规范》（JGJ 106—2014）第 5.1～5.2 节的规定。

2. 单桩竖向抗拔静载试验现场检测技术方法

请同学们通过查阅配套教材《地基基础工程检测技术（学习手册）》项目 2 任务 2.1～2.2 的内容学习，或学习《建筑基桩检测技术规范》（JGJ 106—2014）第 5.3 节的规定。

3. 单桩竖向抗拔静载试验数据分析

请同学们通过查阅配套教材《地基基础工程检测技术（学习手册）》项目 2 任务 2.1～2.2 的内容学习，或扫描右边二维码学习《建筑基桩检测技术规范》（JGJ 106—2014）第 5.4 节的规定。

4. 素质目标的养成

（1）根据知识点描述或者技能点训练，引导学生养成安全责任意识。在检测过程中，培养学生严格按照操作规程进行操作的意识，养成专心细致的工作作风。
（2）在检测过程中，要有讲原则、守规矩的意识；在检测完成后，要认真打扫场地，规范摆放仪器及工具，养成吃苦耐劳的精神。

表 6-2-3　学生任务分配表

班级		组号		指导教师	
组长		学号			
组员					
任务分工	人员		时间安排		备注
单桩竖向抗拔静载试验检测方案					
单桩竖向抗拔静载试验现场检测					
单桩竖向抗拔静载试验检测报告					

6.2.5　自主探学

同学们通过查阅教材、听课、扫描二维码学习、上网搜索、讨论等方式获取任务工单中问题的答案，并填写表格中的空白内容，确保任务顺利实施。

任务工作单 1

组号：_____ 姓名：_____ 学号：_____ 检索号：6-2-5-1

引导问题：

（1）简述工程概况及试验目的。

（2）应收集哪些资料？试桩选取原则？

（3）如何确定主要检测依据？如何确定单桩竖向抗拔静载试验抽检数量和休止龄期（开始检测时间）？

（4）如何合理正确选择单桩竖向抗拔静载试验加载反力装置、荷载测量装置、变形测量装置？

（5）试验仪器设备的配置清单有哪些？怎样选择和计算单桩竖向抗拔静载试验的主次梁及千斤顶、最大加载量、最大反力值等？

（6）如何选择单桩竖向抗拔静载试验加载方式、荷载分级、观测时间间隔、稳定标准、终止加载条件等？

（7）如何确定完成检测任务的检测工期？如何确保检测工作顺利进行的安全保障措施？

（8）请编写完成检测方案模块。

表 6-2-4　检测方案模块

序号	检测要素	检测方案模块内容

（9）请汇总检测要素的内容和数据，编制完整的检测方案（电子版）并提交。

任务工作单 2

组号：_____ 姓名：_____ 学号：_____ 检索号：<u>6-2-5-2</u>

引导问题：

（1）试验准备工作有哪些？"三通一平"具体指什么？所需的机械或人工配合有哪些？

（2）如何进行桩头纵向主筋的焊接？

（3）如何安放千斤顶？怎样搭建加载反力装置系统？

（4）怎样搭建位移测试系统？怎样安装基准桩、基准梁？

（5）怎样连接千斤顶、油泵及油路？怎样连接压力传感器？怎样安装位移传感器（或百分表）？

（6）如何设置仪器参数？如何操作所用仪器设备？如何正确进行现场拍照？

（7）是否存在测试数据异常情况？如何分析原因？

（8）简述试验过程中的注意事项。

（9）请录制检测过程视频（至少 2 min），或提交检测过程照片（至少 4 张）。
（10）根据检测方案和现场试验流程进行检测，记录并导出检测数据和检测曲线。

表 6-2-5　检测数据和检测曲线

序号	检测要素	检测数据/检测曲线	备注

表 6-2-6　单桩竖向抗拔静载试验实操细则

项目	考核内容	操作要点
1. 安全注意事项	安全知识	1. 加载反力装置的选择及安装。 2. 加载设备。 3. 吊装安全知识。 4. 设备安全连接。 5. 人员安全措施
2. 基准梁、基准桩及仪器安装连接	现场连接油管、千斤顶压力传感器、位移传感器	1. 基准桩及基准梁的安装是否符合规范要求。 2. 正确将进、出油管与千斤顶和油泵连接起来。 3. 正确将压力传感器与油泵连接起来。 4. 正确将位移传感器安装（安装数量、安装位置）。 5. 将各位移传感器正确连接到仪器通道
3. 采样参数设置	现场在仪器设备上设置参数，考核项目的基本信息（基桩提供单桩竖向抗拔承载力、桩径）	1. 正确进行试验分级。 2. 是否进行预压，预压量及时间是否正确。 3. 正确设定试验压力值，按计量检定或校准结果设定。 4. 设定完成后，仪器能否进行正常试验
4. 读数时间间隔、判稳标准及终止加荷条件的识别	单桩竖向抗拔静载试验的终止加载条件	提供原始数据表，正确判定是否能按规范要求进行下一级加载或是否能终止加载
5. 数据分析判定	分析数据并判定出试验成果	提供试验数据、$P\text{-}S$ 曲线或 $Q\text{-}S$ 曲线： 1. 能确定临界荷载值。 2. 能按相对变形量确定承载力特征值。 3. 能根据试验情况确定极限值

任务工作单 3

组号：_____ 姓名：_____ 学号：_____ 检索号：6-2-5-3

引导问题：

（1）应整理哪些检测资料？

（2）根据检测得到的数据和曲线，单桩竖向抗拔静载试验如何综合分析确定单桩竖向抗拔极限承载力？

（3）根据检测得到的数据和曲线，单桩竖向抗拔静载试验如何综合分析确定单桩竖向抗拔承载力特征值？

（4）如何确定单位工程的单桩竖向抗拔承载力特征值？

（5）如何编写结论？

(6) 请编写完成检测报告模块。

表 6-2-7　检测报告模块

序号	检测要素	检测报告模块内容

(7) 请汇总检测要素的内容和数据,编制完整的检测报告(电子版)并提交。

6.2.6　合作研学

任务工作单 1

组号：_____　姓名：_____　学号：_____　检索号：<u>6-2-6-1</u>

引导问题：

（1）小组交流讨论，教师参与，形成正确的检测方案。

表 6-2-8　检测方案

序号	检测要素	检测方案

（2）记录自己存在的不足。

任务工作单 2

组号：_____ 姓名：_____ 学号：_____ 检索号：<u>6-2-6-2</u>

引导问题：

（1）小组交流讨论，教师参与，形成规范的检测过程、正确的检测数据和曲线。

表 6-2-9　检测数据和检测曲线

序号	检测要素	检测数据/检测曲线	备注

（2）记录自己存在的不足。

任务工作单 3

组号：_____ 姓名：_____ 学号：_____ 检索号：<u>6-2-6-3</u>

引导问题：

（1）小组交流讨论，教师参与，形成正确的检测报告。

表 6-2-10　检测报告

序号	检测要素	检测报告

（2）记录自己存在的不足。

6.2.7 展示赏学

任务工作单 1

组号：_____ 姓名：_____ 学号：_____ 检索号：<u>6-2-7-1</u>

引导问题：

（1）每小组推荐一位小组长，汇报检测方案，借鉴每组的经验，进一步优化检测方案。

表 6-2-11 检测方案

序号	检测要素	检测方案

（2）检讨自己存在的不足。

任务工作单 2

组号：_____ 姓名：_____ 学号：_____ 检索号：<u>6-2-7-2</u>

引导问题：

（1）每小组推荐一位小组长，简述试验过程，借鉴每组的经验，进一步改进和规范现场检测。

表 6-2-12　检测方案

序号	检测要素	检测方案

（2）检讨自己存在的不足。

任务工作单 3

组号：_____ 姓名：_____ 学号：_____ 检索号：<u>6-2-7-3</u>

引导问题：

（1）每小组推荐一位小组长，汇报检测报告，借鉴每组的经验，进一步优化检测报告。

表 6-2-13　检测报告

序号	检测要素	检测报告

（2）检讨自己存在的不足。

6.2.8 评价反馈

任务工作单 1

组号：_____ 姓名：_____ 学号：_____ 检索号：6-2-8-1

表 6-2-14 个人自评表

班级		组名		日期	
评价指标	评价内容			分数	分数评定
信息检索能力	能有效利用网络、图书资源查找有用的相关信息等；能将查到的信息有效地运用到学习中			10分	
感知课堂生活	是否熟悉检测工作岗位，认同工作价值；在学习中是否能获得满足感，课堂氛围如何			5分	
参与态度交流沟通	积极主动与教师、同学交流，相互尊重、理解；与教师、同学之间是否能够保持多向、丰富、适宜的信息交流			10分	
	能处理好合作学习和独立思考的关系，做到有效学习；能提出有意义的问题或能发表个人见解			5分	
知识、能力获得情况	掌握了单桩竖向抗拔静载试验的相关知识			10分	
	能正确进行钢筋焊接处理			5分	
	能正确选择并搭设加载反力装置、荷载测量装置、变形测量装置			15分	
	能正确选择连接、安装仪器设备			10分	
	能正确进行参数设置、分级加卸载检测并读数判稳			10分	
	能准确分析曲线、确定承载力、得出正确结论			10分	
思维态度	是否能发现问题、提出问题、分析问题、解决问题、创新问题			5分	
自评反思	按时按质完成任务；较好地掌握了知识点；具有较强的信息分析能力和理解能力；具有较为全面严谨的思维能力，并能条理清楚明晰表达成文			5分	
自评分数					
有益的经验和做法					
总结反馈建议					

任务工作单 2

被评组号：_____ 检索号：<u>6-2-8-2</u>

表 6-2-15 互评表

班级		评价小组		日期	
评价指标	评价内容		分数	小组内评定分数	小组间评定分数
汇报表述	表述准确		15 分		
	语言流畅		10 分		
	准确反映该组完成情况		15 分		
内容正确度	内容正确		30 分		
	句型表达到位		30 分		
互评分数			100 分		
简要评述					

任务工作单 3

组号：_____ 姓名：_____ 学号：_____ 检索号：6-2-8-3

表 6-2-16 教师评价表

班级		组名		姓名	
出勤情况					
评价内容	评价要点	考察要点	分数	老师评定	
				结论	分数
1. 查阅文献情况	任务实施过程中文献查阅	（1）是否查阅信息资料	5分		
		（2）正确运用信息资料			
2. 互动交流情况	组内交流，教学互动	（1）积极参与交流	5分		
		（2）主动接受教师指导			
3. 任务完成情况	检测方案	（1）内容表达清楚，酌情赋分	10分		
		（2）内容正确，错一处扣 2 分			
	现场检测	（1）内容表达清楚，酌情赋分	20分		
		（2）内容正确，错一处扣 2 分			
	检测报告	（1）内容表达清楚，酌情赋分	10分		
		（2）内容正确，错一处扣 2 分			
4. 素质目标达成情况	团队协作	根据情况，酌情赋分	5分		
	自主学习	根据情况，酌情赋分	10分		
	课堂纪律	根据情况，酌情赋分	10分		
	出勤情况	缺勤1次扣2分	10分		
	培养讲原则、守规矩的意识	根据情况，酌情扣分	5分		
	培养精益求精的工匠精神	根据情况，酌情扣分	5分		
	培养热爱劳动的品质	根据情况，酌情扣分	5分		
合　计			100分		

项目 7　基桩完整性的检测

任务 7.1　基桩完整性低应变法检测

7.1.1　任务目标

（1）掌握基桩完整性低应变法检测的基本知识和检测流程；
（2）掌握基桩完整性低应变法检测的检测方法；
（3）能够熟练操作检测仪器设备；
（4）能够掌握检测试验步骤、数据处理、结果评定；
（5）能够编制基桩完整性低应变法检测的检测方案及检测报告；
（6）培养学生守时观念及分析问题、解决问题的能力；
（7）培养学生自主学习、团队协作和吃苦耐劳的精神；
（8）培养学生讲原则、守规矩的意识。

7.1.2　任务描述

本工程 1#楼地基基础设计等级为乙级，桩基设计等级为乙级。基础采用静压预应力管桩，1#楼管桩型号为 PHC-500-C-125 型桩，设计混凝土强度等级为 C80，桩身直径 500 mm，总桩数 134 根，其单桩承载力特征值 R_a=2 000 kN，桩身轴心受压承载力设计值[R]=4 190 kN，桩端持力层可为圆砾层或强风化粉砂质泥层。

完成基桩完整性低应变法检测，写出检测方案和检测报告。

分析任务要求，得出任务清单，见表 7-1-1。

表 7-1-1 任务清单

任务内容	任务要求	验收方式
完成检测方案	结构清晰、内容完整、文字简洁、符合《建筑基桩检测技术规范》（JGJ 106—2014）要求	材料提交
根据检测方法与试验步骤完成现场检测	实现任务现场检测要求、满足《建筑基桩检测技术规范》（JGJ 106—2014）实操要求	过程展示、材料提交
完成检测报告	结构清晰、内容完整、文字简洁、符合《建筑基桩检测技术规范》（JGJ 106—2014）要求	材料提交

7.1.3 任务分析与分配

1. 重 点

（1）检测方案的完整性；
（2）仪器连接安装的准确性；
（3）检测过程操作的规范性；
（4）检测报告的完整性。

2. 难 点

（1）试验数据和曲线分析的准确性；
（2）结果评定和检测结论的准确性。

3. 任务分组

小组讨论后确定人员分工及进度安排，见表 7-1-2。

7.1.4 相关知识链接

1. 基桩完整性低应变法检测的一般规定

请同学们通过查阅配套教材《地基基础工程检测技术（学习手册）》项目 2 任务 2.4 的内容学习，或学习《建筑基桩检测技术规范》（JGJ 106—2014）第 8.1～8.2 节的规定。

2. 基桩完整性低应变法检测的现场检测技术方法

请同学们通过查阅配套教材《地基基础工程检测技术（学习手册）》项目 2 任务 2.4 的内容学习，或学习《建筑基桩检测技术规范》（JGJ 106—2014）第 8.3 章节的规定。

低应变法现场检测

表 7-1-2　学生任务分配表

班级		组号		指导教师	
组长		学号			
组员					
任务分工	人员		时间安排		备注
基桩完整性低应变法检测方案					
基桩完整性低应变法现场检测					
基桩完整性低应变法检测报告					

3. 基桩完整性低应变法检测的数据分析

请同学们通过查阅配套教材《地基基础工程检测技术（学习手册）》项目 2 任务 2.4 的内容学习，或学习《建筑基桩检测技术规范》(JGJ 106—2014) 第 8.4 节的规定。

低应变法曲线分析软件介绍

4. 素质目标的养成

（1）根据知识点描述或者技能点训练，提高学生分析问题、解决问题的能力。在检测过程中，培养学生严格按照操作规程进行操作的意识和严格遵守时间的观念。

（2）在检测过程中，要有讲原则、守规矩的意识；在检测完成后，要认真打扫场地，规范摆放仪器及工具，养成吃苦耐劳的精神。

7.1.5　自主探学

同学们通过查阅教材、听课、扫描二维码学习、上网搜索、讨论等方式获取任务工单中问题的答案，并填写表格中的空白内容，确保任务顺利实施。

任务工作单 1

组号：_____ 姓名：_____ 学号：_____ 检索号：<u>7-1-5-1</u>

引导问题：

（1）简述工程概况及试验目的。

（2）应收集哪些资料？受检基桩选取原则有哪些？

（3）如何确定主要检测依据？如何确定低应变法检测基桩完整性的抽检数量和开始检测时间？

（4）低应变法检测基桩完整性的仪器设备清单有哪些？

（5）如何正确合理地选择力锤？如何合理地选择传感器与桩顶面的耦合材料？

（6）简述仪器测试参数设定应符合的相关规定。

（7）简述测量传感器安装的相关规定。

（8）简述采用时域和频域波形分析相结合的方法进行桩身完整性判定的相关规定。

（9）如何确定完成检测任务的检测工期？如何确保检测工作顺利进行的安全保障措施？

（10）请编写完成检测方案模块。

表 7-1-3　检测方案模块

序号	检测要素	检测方案模块内容

（11）请汇总检测要素的内容和数据，编制完整的检测方案（电子版）并提交。

任务工作单 2

组号：_____ 姓名：_____ 学号：_____ 检索号：<u>7-1-5-2</u>

引导问题：

（1）试验准备工作有哪些？

（2）如何进行桩头处理？所需的机械或人工配合有哪些？

（3）如何正确选择传感器的安装位置及方向？如何正确黏结耦合剂？

（4）如何正确合理地选择激振点位置？

（5）如何正确地设定仪器测试参数？如何操作所用仪器设备？

（6）如何正确合理地采集信号、检查判断实测信号？

（7）是否存在测试数据曲线异常情况？如何分析原因？如何处理？

（8）简述试验过程中的注意事项。

（9）请录制检测过程视频（至少 2 min），或提交检测过程照片（至少 4 张）。
（10）根据检测方案和现场试验流程进行检测，记录并导出检测数据和检测曲线。

表 7-1-4　检测数据和检测曲线

序号	检测要素	检测数据/检测曲线	备注

表 7-1-5　基桩完整性低应变法检测实操细则

项目	考核内容	操作要点
1. 仪器设备准备	是否准备仪器	是否备齐主机、传感器、力锤、耦合剂
2. 低应变法传感器的安装、激振操作	测量传感器安装和激振操作	1. 力锤是否选用正确。 2. 敲击点是否在桩中心。 3. 传感器安装位置是否在2/3半径处。 4. 敲击是否垂直于桩平面，是否干净利落。 5. 传感器安装是否耦合牢固
3. 低应变法测试参数设定	采样参数设定，应符合哪些规定	1. 采样长度是否合适，$2L/c+5$ ms。 2. 采样间隔是否合理。 3. 触发电平是否选低值。 4. 采样低通滤波是否大于 2 000 Hz。 5. 采样点数是否大于 1 024 点
4. 低应变法信号采集和筛选	信号采集和筛选应符合的规定	1. 是否对称布置采集2~4个检测点。 2. 信号是否失真及零漂。 3. 不同检测点及多次实测时域信号一致性是否一致，如不一致是否增加检测点数量
5. 低应变法检测完整性分类	根据所测数据进行完整性判别判定	1. 波速是否合理。 2. 类别是否正确。 3. 缺陷位置是否正确

表 7-1-6　基桩完整性低应变法检测原始记录表

姓名：　　　　　　　　　　　　　　　　　　　学号：

施工/委托单位		工程名称	
工程部位/用途			
桩号信息			
检测依据		判定依据	
主要仪器设备名称及编号			

桩号	桩径/m	桩顶标高/m	桩底标高/m	桩长/m	混凝土强度/MPa	波速/(m/s)	桩身完整性	类别

检测结论：

检测：　　　　　　校核：　　　　　　　　日期：　　年　　月　　日

任务工作单 3

组号：_____ 姓名：_____ 学号：_____ 检索号：<u>7-1-5-3</u>

引导问题：

（1）应整理哪些检测资料？

（2）如何正确地统计和确定桩身波速平均值？

（3）根据检测得到的曲线，如何合理地描述信号特征及缺陷的位置？

（4）如何正确描述基桩桩身完整性？如何合理地判定桩身完整性类别？

（5）如何编写结论？

（6）请编写完成检测报告模块。

表 7-1-7 检测报告模块

序号	检测要素	检测报告模块内容

（7）请汇总检测要素的内容和数据，编制完整的检测报告（电子版）并提交。

7.1.6 合作研学

任务工作单 1

组号：_____ 姓名：_____ 学号：_____ 检索号：<u>7-1-6-1</u>

引导问题：

（1）小组交流讨论，教师参与，形成正确的检测方案。

表 7-1-8 检测方案

序号	检测要素	检测方案

（2）记录自己存在的不足。

任务工作单 2

组号：_____ 姓名：_____ 学号：_____ 检索号： 7-1-6-2

引导问题：

（1）小组交流讨论，教师参与，形成规范的检测过程、正确的检测数据和曲线。

表 7-1-9　检测数据和检测曲线

序号	检测要素	检测数据/检测曲线	备注

（2）记录自己存在的不足。

任务工作单 3

组号：_____ 姓名：_____ 学号：_____ 检索号：<u>7-1-6-3</u>

引导问题：

（1）小组交流讨论，教师参与，形成正确的检测报告。

表 7-1-10　检测报告

序号	检测要素	检测报告

（2）记录自己存在的不足。

7.1.7 展示赏学

任务工作单 1

组号：_____ 姓名：_____ 学号：_____ 检索号：<u>7-1-7-1</u>

引导问题：

（1）每小组推荐一位小组长，汇报检测方案，借鉴每组的经验，进一步优化检测方案。

表 7-1-11 检测方案

序号	检测要素	检测方案

（2）检讨自己存在的不足。

任务工作单 2

组号：_____ 姓名：_____ 学号：_____ 检索号：7-1-7-2

引导问题：

（1）每小组推荐一位小组长，简述试验过程，借鉴每组的经验，进一步改进和规范现场检测。

表 7-1-12　检测方案

序号	检测要素	检测方案

（2）检讨自己存在的不足。

任务工作单 3

组号：_____ 姓名：_____ 学号：_____ 检索号：<u>7-1-7-3</u>

引导问题：

（1）每小组推荐一位小组长，汇报检测报告，借鉴每组的经验，进一步优化检测报告。

表 7-1-13　检测报告

序号	检测要素	检测报告

（2）检讨自己存在的不足。

7.1.8 评价反馈

任务工作单1

组号：_____ 姓名：_____ 学号：_____ 检索号：7-1-8-1

表 7-1-14 个人自评表

班级		组名		日期	
评价指标	评价内容			分数	分数评定
信息检索能力	能有效利用网络、图书资源查找有用的相关信息等；能将查到的信息有效地运用到学习中			10分	
感知课堂生活	是否熟悉检测工作岗位，认同工作价值；在学习中是否能获得满足感，课堂氛围如何			5分	
参与态度交流沟通	积极主动与教师、同学交流，相互尊重、理解；与教师、同学之间是否能够保持多向、丰富、适宜的信息交流			10分	
	能处理好合作学习和独立思考的关系，做到有效学习；能提出有意义的问题或能发表个人见解			5分	
知识、能力获得情况	掌握了低应变法检测基桩完整性的相关知识			10分	
	能正确进行桩头处理			5分	
	能正确进行测量传感器安装和粘贴耦合剂			10分	
	能正确合理选择激振点位置			5分	
	能正确连接仪器设备、进行参数设置、采集信号并筛选			15分	
	能准确分析曲线、得出正确结论			15分	
思维态度	是否能发现问题、提出问题、分析问题、解决问题、创新问题			5分	
自评反思	按时按质完成任务；较好地掌握了知识点；具有较强的信息分析能力和理解能力；具有较为全面严谨的思维能力，并能条理清楚明晰表达成文			5分	
自评分数					
有益的经验和做法					
总结反馈建议					

任务工作单 2

被评组号：_____ 检索号：7-1-8-2

表 7-1-15　互评表

班级		评价小组		日期		
评价指标	评价内容			分数	小组内评定分数	小组间评定分数
汇报表述	表述准确			15 分		
	语言流畅			10 分		
	准确反映该组完成情况			15 分		
内容正确度	内容正确			30 分		
	句型表达到位			30 分		
互评分数				100 分		
简要评述						

任务工作单 3

组号：_____ 姓名：_____ 学号：_____ 检索号：7-1-8-3

表 7-1-16　教师评价表

班级			组名		姓名	
出勤情况						
评价内容	评价要点	考察要点		分数	老师评定	
					结论	分数
1. 查阅文献情况	任务实施过程中文献查阅	（1）是否查阅信息资料		5分		
		（2）正确运用信息资料				
2. 互动交流情况	组内交流，教学互动	（1）积极参与交流		5分		
		（2）主动接受教师指导				
3. 任务完成情况	检测方案	（1）内容表达清楚，酌情赋分		10分		
		（2）内容正确，错一处扣2分				
	现场检测	（1）内容表达清楚，酌情赋分		20分		
		（2）内容正确，错一处扣2分				
	检测报告	（1）内容表达清楚，酌情赋分		10分		
		（2）内容正确，错一处扣2分				
4. 素质目标达成情况	团队协作	根据情况，酌情赋分		5分		
	自主学习	根据情况，酌情赋分		10分		
	课堂纪律	根据情况，酌情赋分		10分		
	出勤情况	缺勤1次扣2分		10分		
	培养讲原则、守规矩的意识	根据情况，酌情扣分		5分		
	培养精益求精的工匠精神	根据情况，酌情扣分		5分		
	培养热爱劳动的品质	根据情况，酌情扣分		5分		
合　计				100分		

任务 7.2　基桩完整性声波透射法检测

7.2.1　任务目标

（1）掌握基桩完整性声波透射法检测的基本知识和检测流程；
（2）掌握基桩完整声波透射法检测的检测方法；
（3）能够熟练操作检测仪器设备；
（4）能够掌握检测试验步骤、数据处理、结果评定；
（5）能够编制基桩完整性声波透射法检测的检测方案及检测报告；
（6）培养学生守时观念及分析问题、解决问题的能力；
（7）培养学生自主学习、团队协作和吃苦耐劳的精神；
（8）培养学生讲原则、守规矩的意识。

7.2.2　任务描述

本工程 5# 楼原采用静压预应力管桩施工，后因设计变更采用旋挖成孔灌注桩，地基基础设计等级为甲级，桩基设计等级为甲级，总桩数 85 根，桩身直径 800 mm，桩端持力层为中风化粉砂质泥岩层，有效桩长约 32 m，且桩端全断面进入持力层深度不应小于 $2.5d$（d 为桩身直径）。桩身及承台混凝土强度等级均为 C35。完成基桩完整性声波透射法检测，写出检测方案和检测报告。

分析任务要求，得出任务清单，见表 7-2-1。

表 7-2-1　任务清单

任务内容	任务要求	验收方式
完成检测方案	结构清晰、内容完整、文字简洁、符合《建筑基桩检测技术规范》（JGJ 106—2014）要求	材料提交
根据检测方法与试验步骤完成现场检测	实现任务现场检测要求、满足《建筑基桩检测技术规范》（JGJ 106—2014）实操要求	过程展示、材料提交
完成检测报告	结构清晰、内容完整、文字简洁、符合《建筑基桩检测技术规范》（JGJ 106—2014）要求	材料提交

7.2.3　任务分析与分配

1. 重　点

（1）检测方案的完整性；
（2）仪器连接安装的准确性；
（3）检测过程操作的规范性；
（4）检测报告的完整性。

2. 难　点

（1）试验数据和曲线分析的准确性；
（2）结果评定和检测结论的准确性。

3. 任务分组

小组讨论后确定人员分工及进度安排，见表 7-2-2。

表 7-2-2　学生任务分配表

班级		组号		指导教师	
组长		学号			
组员					
任务分工	人员		时间安排		备注
基桩完整性声波透射法检测方案					
基桩完整性声波透射法现场检测					
基桩完整性声波透射法检测报告					

7.2.4　相关知识链接

1. 基桩完整性声波透射法检测的一般规定

请同学们通过查阅配套教材《地基基础工程检测技术（学习手册）》项目 2 任务 2.4 的内容学习，或学习《建筑基桩检测技术规范》（JGJ 106—2014）第 10.1～10.3 节的规定。

基桩超声波现场检测

2. 基桩完整性声波透射法检测的现场检测技术方法

请同学们通过查阅配套教材《地基基础工程检测技术（学习手册）》项目 2 任务 2.4 的内容学习，或学习《建筑基桩检测技术规范》（JGJ 106—2014）第 10.4 节的规定。

超声波测试仪现场数据采集操作步骤见图 7-2-1。

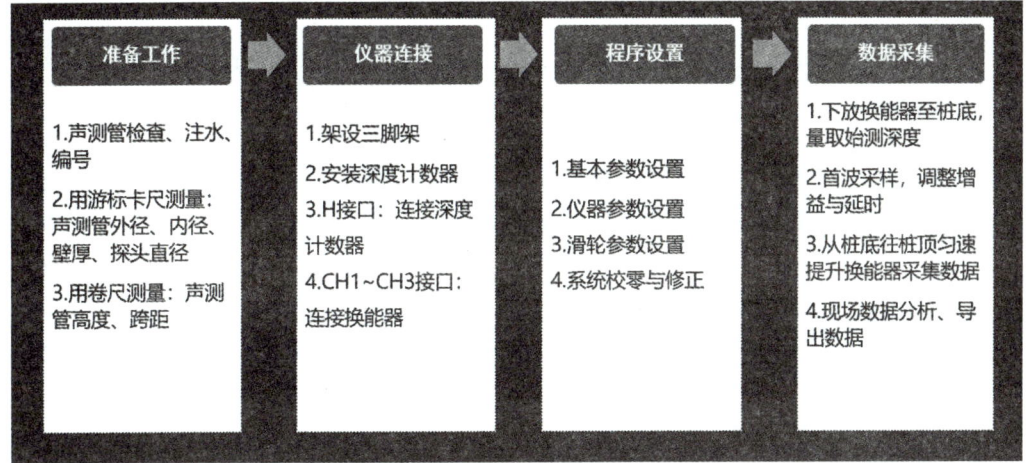

图 7-2-1 超声波测试仪现场数据采集操作步骤

3. 基桩完整性声波透射法检测数据分析

请同学们通过查阅配套教材《地基基础工程检测技术（学习手册）》项目 2 任务 2.4 的内容学习，或学习《建筑基桩检测技术规范》（JGJ 106—2014）第 10.5 节的规定。

超声波数据软件分析

4. 素质目标的养成

（1）根据知识点描述或者技能点训练，提高学生分析问题、解决问题的能力。在检测过程中，培养学生严格按照操作规程进行操作的意识和严格遵守时间的观念。

（2）在检测过程中，要有讲原则、守规矩的意识；在检测完成后，要认真打扫场地，规范摆放仪器及工具，养成吃苦耐劳的精神。

7.2.5 自主探学

同学们通过查阅教材、听课、扫描二维码学习、上网搜索、讨论等方式获取任务工单中问题的答案，并填写表格中的空白内容，确保任务顺利实施。

任务工作单 1

组号：_____ 姓名：_____ 学号：_____ 检索号：<u>7-2-5-1</u>

引导问题：

（1）简述工程概况及试验目的。

（2）应收集哪些资料？受检基桩选取原则有哪些？

（3）如何确定主要检测依据？如何确定声波透射法检测基桩完整性的抽检数量和开始检测时间？

（4）声波透射法检测基桩完整性的仪器设备清单有哪些？

（5）请简述声测管的材料要求、接口连接要求、埋设数量及布置要求。

（6）请简述仪器测试参数设定应符合的相关规定。

（7）如何根据桩身混凝土各声学参数（声速、波幅、主频）综合判定桩身混凝土缺陷范围和程度？

（8）请简述结合缺陷特征的综合判定方法确定桩身完整性类别的相关规定。

（9）如何确定完成检测任务的检测工期？如何确保检测工作顺利进行的安全保障措施？

（10）请编写完成检测方案模块。

表 7-2-3　检测方案模块

序号	检测要素	检测方案模块内容

（11）请汇总检测要素的内容和数据，编制完整的检测方案（电子版）并提交。

任务工作单 2

组号：_____ 姓名：_____ 学号：_____ 检索号：<u>7-2-5-2</u>

引导问题：

（1）试验准备工作有哪些？请绘制声测管布置图。

（2）如何正确测量声测管壁厚、声测管净距及声测管直径？

（3）如何采用十字交叉法进行仪器标定？

（4）如何安置三脚架及滑轮？如何放换能器到声测管？如何拉线？如何读取放入深度？

（5）如何正确地连接设备及设定仪器测试参数？如何操作所用仪器设备？

（6）如何采用平测法对桩的各检测剖面进行全面普查？

（7）如何正确合理地采集信号、检查判断实测信号和保存？如何综合各个检测剖面细测的结果推断桩身缺陷的范围和程度？

（8）是否存在异常测点情况？如何分析原因？如何处理？

（9）简述试验过程中的注意事项。

（10）请录制检测过程视频（至少 2 min），或提交检测过程照片（至少 4 张）。
（11）根据检测方案和现场试验流程进行检测，记录并导出声参数-深度曲线。

表 7-2-4　检测数据和检测曲线

序号	检测要素	检测数据/检测曲线	备注

表 7-2-5 基桩完整性声波透射法检测实操细则

项目	考核内容	操作要点
1. 仪器设备准备	是否准备仪器	1. 仪器设备是否检查：主机、换能器、卷尺、脚架、游标卡尺。 2. 声测管是否检查：清水是否灌满，是否通畅。 3. 管距、管内外径及管壁厚（测 1 管即可）、探头直径（测 1 探头即可）是否准确测量：管距用钢卷尺量测，精确至 1 mm，管内外径及管壁厚、探头直径用游标卡尺量测，精确至 0.1 mm。 4. 仪器接线是否准确：是否能分清发射探头及接收探头，通道设置是否准确
2. 仪器标定	是否仪器标定	1. 仪器系统确定：十字交叉法测试。 2. 耦合参数设定：是否设置声测管层及耦合水层的声时修正值
3. 声波法测试	声波现场检测	1. 测试参数的设置，如延迟时间、放大倍数、判读门限等。 2. 信号调试是否正确（测试前找寻完整桩段，调试正常信号）。 3. 声测线间距设置：不应大于 100 mm。 4. 首波信号选择：正常混凝土区段选择首波信号。 5. 探头提升速度：不大于 0.5 m/s。实时记录声测线的信号曲线。 6. 缺陷桩是否加密测量。测试方法选择：普查平测法；异常点复测；加密测量或者斜测法（扇测法）
4. 声波透射法检测完整性分类	根据所测数据进行完整性判别判定	1. 类别正确。 2. 缺陷位置。 缺陷位置误差±30 cm。 缺陷位置误差±30～50 cm。 缺陷位置误差±50 cm 以上。 严重程度或声学参数描述正确

表 7-2-6 桩基声波透射法现场记录表

姓名：　　　　　　　　　　　　　　　　学号：

工程名称				桩号	
桩号信息					
试验检测日期				试验条件	
检测依据				判定依据	
主要仪器设备名称及编号					

测桩方位示意图	设计桩径/m		设计桩长/m		混凝土强度等级	
	管内径/mm		管外径/mm		管壁厚/mm	探头直径/mm
	1#声测管高度/mm		2#声测管高度/mm		3#声测管高度/mm	

	剖面	测管距离/mm	始测深度刻度/m	终测深度刻度/m	基准点
(示意图：圆形带向上箭头)	1—2				
	1—3				□管顶　□混凝土顶 □护壁顶　□钢筋顶
	2—3				

备注：

检测：　　　　　　　　复核：　　　　　　　　日期：　　年　　月　　日

任务工作单 3

组号：_____ 姓名：_____ 学号：_____ 检索号：<u>7-2-5-3</u>

引导问题：
（1）应整理哪些检测资料？

（2）根据检测得到的曲线，如何结合桩身混凝土各声学参数临界值、PSD 判据、混凝土声速低限值确定混凝土缺陷范围和程度？

（3）如何合理地描述缺陷特征？如何合理地判定桩身完整性类别？

（4）如何编写结论？

(5)请编写完成检测报告模块。

表 7-2-7 检测报告模块

序号	检测要素	检测报告模块内容

(6)请汇总检测要素的内容和数据,编制完整的检测报告(电子版)并提交。

7.2.6 合作研学

任务工作单 1

组号：_____ 姓名：_____ 学号：_____ 检索号：<u>7-2-6-1</u>

引导问题：

（1）小组交流讨论，教师参与，形成正确的检测方案。

表 7-2-8 检测方案

序号	检测要素	检测方案

（2）记录自己存在的不足。

任务工作单 2

组号：_____ 姓名：_____ 学号：_____ 检索号：<u>7-2-6-2</u>

引导问题：

（1）小组交流讨论，教师参与，形成规范的检测过程、正确的检测数据和曲线。

表 7-2-9　检测数据和检测曲线

序号	检测要素	检测数据/检测曲线	备注

（2）记录自己存在的不足。

任务工作单 3

组号：_____ 姓名：_____ 学号：_____ 检索号：7-2-6-3

引导问题：

（1）小组交流讨论，教师参与，形成正确的检测报告。

表 7-2-10　检测报告

序号	检测要素	检测报告

（2）记录自己存在的不足。

7.2.7 展示赏学

任务工作单1

组号：_____ 姓名：_____ 学号：_____ 检索号：_7-2-7-1_

引导问题：

（1）每小组推荐一位小组长，汇报检测方案，借鉴每组的经验，进一步优化检测方案。

表 7-2-11 检测方案

序号	检测要素	检测方案

（2）检讨自己存在的不足。

任务工作单 2

组号：_____ 姓名：_____ 学号：_____ 检索号：<u>7-2-7-2</u>

引导问题：

（1）每小组推荐一位小组长，简述试验过程，借鉴每组的经验，进一步改进和规范现场检测。

表 7-2-12 检测方案

序号	检测要素	检测方案

（2）检讨自己存在的不足。

任务工作单 3

组号：_____ 姓名：_____ 学号：_____ 检索号：<u>7-2-7-3</u>

引导问题：

（1）每小组推荐一位小组长，汇报检测报告，借鉴每组的经验，进一步优化检测报告。

表 7-2-13　检测报告

序号	检测要素	检测报告

（2）检讨自己存在的不足。

7.2.8 评价反馈

任务工作单 1

组号：_____ 姓名：_____ 学号：_____ 检索号：7-2-8-1

表 7-2-14 个人自评表

班级		组名		日期	
评价指标	评价内容			分数	分数评定
信息检索能力	能有效利用网络、图书资源查找有用的相关信息等；能将查到的信息有效地运用到学习中			10分	
感知课堂生活	是否熟悉检测工作岗位，认同工作价值；在学习中是否能获得满足感，课堂氛围如何			5分	
参与态度交流沟通	积极主动与教师、同学交流，相互尊重、理解；与教师、同学之间是否能够保持多向、丰富、适宜的信息交流			10分	
	能处理好合作学习和独立思考的关系，做到有效学习；能提出有意义的问题或能发表个人见解			5分	
知识、能力获得情况	掌握了声波透射法检测基桩完整性的相关知识			10分	
	能正确测量声测管壁厚、声测管净距及声测管直径			10分	
	能正确进行十字交叉法标定检测			10分	
	能正确连接仪器设备、进行参数设置			10分	
	能正确采集信号并判定异常点			10分	
	能准确分析曲线特征、得出正确结论			10分	
思维态度	是否能发现问题、提出问题、分析问题、解决问题、创新问题			5分	
自评反思	按时按质完成任务；较好地掌握了知识点；具有较强的信息分析能力和理解能力；具有较为全面严谨的思维能力，并能条理清楚明晰表达成文			5分	
自评分数					
有益的经验和做法					
总结反馈建议					

任务工作单 2

被评组号：_____ 检索号： 7-2-8-2

表 7-2-15 互评表

班级		评价小组		日期		
评价指标		评价内容		分数	小组内评定分数	小组间评定分数
汇报表述		表述准确		15 分		
		语言流畅		10 分		
		准确反映该组完成情况		15 分		
内容正确度		内容正确		30 分		
		句型表达到位		30 分		
互评分数				100 分		
简要评述						

任务工作单 3

组号：_____ 姓名：_____ 学号：_____ 检索号： 7-2-8-3

表 7-2-16 教师评价表

班级		组名		姓名		
出勤情况						
评价内容	评价要点	考察要点		分数	老师评定	
					结论	分数
1. 查阅文献情况	任务实施过程中文献查阅	（1）是否查阅信息资料		5分		
		（2）正确运用信息资料				
2. 互动交流情况	组内交流，教学互动	（1）积极参与交流		5分		
		（2）主动接受教师指导				
3. 任务完成情况	检测方案	（1）内容表达清楚，酌情赋分		10分		
		（2）内容正确，错一处扣 2分				
	现场检测	（1）内容表达清楚，酌情赋分		20分		
		（2）内容正确，错一处扣 2分				
	检测报告	（1）内容表达清楚，酌情赋分		10分		
		（2）内容正确，错一处扣 2分				
4. 素质目标达成情况	团队协作	根据情况，酌情赋分		5分		
	自主学习	根据情况，酌情赋分		10分		
	课堂纪律	根据情况，酌情赋分		5分		
	出勤情况	缺勤1次扣2分		10分		
	培养讲原则、守规矩的意识	根据情况，酌情扣分		10分		
	培养精益求精的工匠精神	根据情况，酌情扣分		5分		
	培养热爱劳动的品质	根据情况，酌情扣分		5分		
合 计				100分		

项目 8　锚杆（索）的检测

任务 8.1　锚杆（索）基本试验

8.1.1　任务目标

（1）掌握锚杆（索）基本试验的基本知识；
（2）掌握锚杆（索）基本试验的检测方法；
（3）能够熟练操作检测仪器设备；
（4）能够掌握检测试验步骤、数据处理、结果评定；
（5）能够编制锚杆（索）基本试验的检测方案及检测报告；
（6）培养学生守时观念及分析问题、解决问题的能力；
（7）培养学生自主学习、团队协作的精神；
（8）培养学生讲原则、守规矩的意识及安全责任意识。

8.1.2　任务描述

南宁市三津水厂扩建工程位于南宁市江南区三津水厂，场内地势平坦，南部稍高。本工程结构设计使用年限为 50 年，结构安全等级为二级。本次为活性炭滤池及炭滤池回收水池基坑共同开挖，锚索采用预应力钢绞线 $\Phi^s 15.2$，抗拉强度标准值 $f_{ptk}=1\,860$ MPa，钻孔直径为 150 mm，注浆体为 M30 水泥砂浆，本基坑共设三个剖面（G_1—G_1 剖面、G_2—G_2 剖面、J—J 剖面），锚索总数 29 根。

完成锚杆（索）基本试验检测，写出检测方案和检测报告。

分析任务要求，得出任务清单，见表 8-1-1。

表 8-1-1 任务清单

任务内容	任务要求	验收方式
完成检测方案	结构清晰、内容完整、文字简洁、符合《建筑基坑支护技术规程》（JGJ 120—2012）要求	材料提交
根据检测方法与试验步骤完成现场检测	实现任务现场检测要求、满足《建筑基坑支护技术规程》（JGJ 120—2012）实操要求	过程展示、材料提交
完成检测报告	结构清晰、内容完整、文字简洁、符合《建筑基坑支护技术规程》（JGJ 120—2012）要求	材料提交

8.1.3 任务分析与分配

1. 重 点

（1）检测方案的完整性；
（2）仪器连接安装的准确性；
（3）检测过程操作的规范性；
（4）检测报告的完整性。

2. 难 点

（1）试验数据和曲线分析的准确性；
（2）结果评定和检测结论的准确性。

3. 任务分组

小组讨论后确定人员分工及进度安排，见表 8-1-2。

8.1.4 相关知识链接

1. 锚杆（索）基本试验的一般规定

请同学们通过查阅配套教材《地基基础工程检测技术（学习手册）》项目 3 任务 3.2～3.3 的内容学习，或学习《建筑基坑支护技术规程》（JGJ 120—2012）附录 A.2 节的规定。

锚杆（索）基本试验相关知识

2. 锚杆（索）基本试验现场检测技术方法

请同学们通过查阅配套教材《地基基础工程检测技术（学习手册）》项目 3 任务 3.3 的内容学习，或学习《建筑基坑支护技术规程》（JGJ 120—2012）附录 A.2 节的规定。

3. 锚杆（索）基本试验数据分析

请同学们通过查阅配套教材《地基基础工程检测技术（学习手册）》项目 3 任务 3.3 的内容学习，或学习《建筑基坑支护技术规程》（JGJ 120—2012）附录 A.2 节的规定。

表 8-1-2 学生任务分配表

班级		组号		指导教师	
组长		学号			
组员					
任务分工	人员		时间安排		备注
锚杆（索）基本试验检测方案					
锚杆（索）基本试验现场检测					
锚杆（索）基本试验检测报告					

4. 素质目标的养成

（1）根据知识点描述或者技能点训练，引导学生养成安全责任意识。在检测过程中，培养学生严格按照操作规程进行操作的意识和严格遵守时间的观念。

（2）在检测过程中，要有讲原则、守规矩的意识；在检测完成后，要认真打扫场地，规范摆放仪器及工具。

8.1.5 自主探学

同学们通过查阅教材、听课、扫描二维码学习、上网搜索、讨论等方式获取任务工单中问题的答案，并填写表格中的空白内容，确保任务顺利实施。

任务工作单 1

组号：_____ 姓名：_____ 学号：_____ 检索号：<u>8-1-5-1</u>

引导问题：

（1）简述工程概况及试验目的。

（2）应收集哪些资料？锚杆（索）选取原则有哪些？

（3）如何确定主要检测依据？如何确定锚杆（索）基本试验抽检数量和开始检测时间？

（4）如何合理正确地选择锚杆（索）基本试验的加载装置、加载反力装置、变形测量装置？试验仪器设备的配置清单有哪些？

（5）怎样计算锚杆（索）基本试验的最大试验荷载？

（6）如何选择锚杆（索）基本试验的加载方法、加卸载分级、观测时间间隔、稳定标准、终止加载标准等？

（7）如何确定完成检测任务的检测工期？如何确保检测工作顺利进行的安全保障措施？

（8）请编写完成检测方案模块。

表 8-1-3　检测方案模块

序号	检测要素	检测方案模块内容

（9）请汇总检测要素的内容和数据，编制完整的检测方案（电子版）并提交。

任务工作单 2

组号：_____ 姓名：_____ 学号：_____ 检索号：<u>8-1-5-2</u>

引导问题：

（1）试验准备工作有哪些？所需的机械或人工配合有哪些？

（2）如何保证加荷反力装置的承载力和刚度？怎样搭建加载反力装置系统？

（3）怎样搭建位移测试系统？怎样安装基准桩、基准梁？怎样安装锚具？

（4）怎样连接千斤顶、油泵及油路？怎样连接压力传感器？怎样安装位移传感器（或百表）？

（5）如何加压？如何设置仪器参数？所用的仪器设备的正确操作方法？

（6）如何正确进行现场拍照？是否存在测试数据异常情况？如何分析原因？

（7）简述试验过程中的注意事项。

(8)请录制检测过程视频(至少 2 min),或提交检测过程照片(至少 4 张)。
(9)根据检测方案和现场试验流程进行检测,记录并导出检测数据和检测曲线。

表 8-1-4　检测数据和检测曲线

序号	检测要素	检测数据/检测曲线	备注

任务工作单 3

组号：_____ 姓名：_____ 学号：_____ 检索号：<u>8-1-5-3</u>

引导问题：

（1）应整理哪些检测资料？

（2）分析位移数据，锚杆（索）基本试验如何确定单根极限抗拔承载力标准值？

（3）如何确定单位工程锚杆（索）的极限抗拔承载力标准值？

（4）如何编写结论？

（5）请编写完成检测报告模块。

表 8-1-5 检测报告模块

序号	检测要素	检测报告模块内容

（6）请汇总检测要素的内容和数据，编制完整的检测报告（电子版）并提交。

8.1.6 合作研学

任务工作单1

组号：_____ 姓名：_____ 学号：_____ 检索号：8-1-6-1

引导问题：

（1）小组交流讨论，教师参与，形成正确的检测方案。

表 8-1-6 检测方案

序号	检测要素	检测方案

（2）记录自己存在的不足。

任务工作单 2

组号：_____ 姓名：_____ 学号：_____ 检索号：<u>8-1-6-2</u>

引导问题：

（1）小组交流讨论，教师参与，形成规范的检测过程、正确的检测数据和曲线。

表 8-1-7　检测数据和检测曲线

序号	检测要素	检测数据/检测曲线	备注

（2）记录自己存在的不足。

任务工作单 3

组号：_____ 姓名：_____ 学号：_____ 检索号：<u>8-1-6-3</u>

引导问题：

（1）小组交流讨论，教师参与，形成正确的检测报告。

表 8-1-8　检测报告

序号	检测要素	检测报告

（2）记录自己存在的不足。

8.1.7　展示赏学

任务工作单 1

组号：_____　姓名：_____　学号：_____　检索号：<u>8-1-7-1</u>

引导问题：

（1）每小组推荐一位小组长，汇报检测方案，借鉴每组的经验，进一步优化检测方案。

表 8-1-9　检测方案

序号	检测要素	检测方案

（2）检讨自己存在的不足。

任务工作单 2

组号：_____ 姓名：_____ 学号：_____ 检索号：<u>8-1-7-2</u>

引导问题：

（1）每小组推荐一位小组长，简述试验过程，借鉴每组的经验，进一步改进和规范现场检测。

表 8-1-10　检测方案

序号	检测要素	检测方案

（2）检讨自己存在的不足。

任务工作单 3

组号：_____ 姓名：_____ 学号：_____ 检索号：8-1-7-3

引导问题：

（1）每小组推荐一位小组长，汇报检测报告，借鉴每组的经验，进一步优化检测报告。

表 8-1-11　检测报告

序号	检测要素	检测报告

（2）检讨自己存在的不足。

8.1.8 评价反馈

任务工作单 1

组号：_____ 姓名：_____ 学号：_____ 检索号：8-1-8-1

表 8-1-12 个人自评表

班级		组名		日期	
评价指标	评价内容			分数	分数评定
信息检索能力	能有效利用网络、图书资源查找有用的相关信息等；能将查到的信息有效地运用到学习中			10分	
感知课堂生活	是否熟悉检测工作岗位，认同工作价值；在学习中是否能获得满足感，课堂氛围如何			5分	
参与态度交流沟通	积极主动与教师、同学交流，相互尊重、理解；与教师、同学之间是否能够保持多向、丰富、适宜的信息交流			10分	
	能处理好合作学习和独立思考的关系，做到有效学习；能提出有意义的问题或能发表个人见解			5分	
知识、能力获得情况	掌握了锚杆（索）基本试验的相关知识			10分	
	能正确选择并搭设加载反力装置			10分	
	能正确选择并搭设加载测量装置、变形测量装置			10分	
	能正确选择连接、安装仪器设备			10分	
	能正确进行参数设置、分级加卸载检测并读数判断收敛			10分	
	能准确分析曲线、判定是否合格、得出正确结论			10分	
思维态度	是否能发现问题、提出问题、分析问题、解决问题、创新问题			5分	
自评反思	按时按质完成任务；较好地掌握了知识点；具有较强的信息分析能力和理解能力；具有较为全面严谨的思维能力，并能条理清楚明晰表达成文			5分	
自评分数					
有益的经验和做法					
总结反馈建议					

任务工作单 2

被评组号：_____ 检索号：8-1-8-2

表 8-1-13　互评表

班级		评价小组		日期	
评价指标	评价内容		分数	小组内评定分数	小组间评定分数
汇报表述	表述准确		15 分		
	语言流畅		10 分		
	准确反映该组完成情况		15 分		
内容正确度	内容正确		30 分		
	句型表达到位		30 分		
	互评分数		100 分		
简要评述					

任务工作单 3

组号：_____ 姓名：_____ 学号：_____ 检索号：8-1-8-3

表 8-1-14 教师评价表

班级		组名		姓名	
出勤情况					
评价内容	评价要点	考察要点	分数	老师评定	
				结论	分数
1. 查阅文献情况	任务实施过程中文献查阅	（1）是否查阅信息资料 （2）正确运用信息资料	5 分		
2. 互动交流情况	组内交流，教学互动	（1）积极参与交流 （2）主动接受教师指导	5 分		
3. 任务完成情况	检测方案	（1）内容表达清楚，酌情赋分 （2）内容正确，错一处扣 2 分	10 分		
	现场检测	（1）内容表达清楚，酌情赋分 （2）内容正确，错一处扣 2 分	20 分		
	检测报告	（1）内容表达清楚，酌情赋分 （2）内容正确，错一处扣 2 分	10 分		
4. 素质目标达成情况	团队协作	根据情况，酌情赋分	5 分		
	自主学习	根据情况，酌情赋分	10 分		
	课堂纪律	根据情况，酌情赋分	10 分		
	出勤情况	缺勤 1 次扣 2 分	10 分		
	培养讲原则、守规矩、守时的意识	根据情况，酌情扣分	5 分		
	培养精益求精的精神	根据情况，酌情扣分	5 分		
	培养热爱劳动的品质	根据情况，酌情扣分	5 分		
合 计			100 分		

任务 8.2　锚杆（索）验收试验

8.2.1　任务目标

（1）掌握锚杆（索）验收试验的基本知识；
（2）掌握锚杆（索）验收试验的检测方法；
（3）能够熟练操作检测仪器设备；
（4）能够掌握检测试验步骤、数据处理、结果评定；
（5）能够编制锚杆（索）验收试验的检测方案及检测报告；
（6）培养学生守时观念及分析问题、解决问题的能力；
（7）培养学生自主学习、团队协作的精神；
（8）培养学生讲原则、守规矩的意识及安全责任意识。

8.2.2　任务描述

南宁市三津水厂扩建工程位于南宁市江南区三津水厂，场内地势平坦，南部稍高。本工程结构设计使用年限为 50 年，结构安全等级为二级。本次为活性炭滤池及炭滤池回收水池基坑共同开挖，锚索采用预应力钢绞线 $\Phi^s15.2$，抗拉强度标准值 f_{ptk}= 1 860 MPa，钻孔直径为 150 mm，注浆体为 M30 水泥砂浆基坑共设三个剖面，G_1—G_1 剖面锚索轴向设计荷载为 590.35 kN，设计验收试验荷载值为 826.5 kN；G_2—G_2 剖面锚索轴向设计荷载为 552.11 kN，设计验收试验荷载为 772.9 kN；J—J 剖面锚索轴向设计荷载为 759.49 kN，设计验收荷载值为 1 063.3 kN，锚索总数 29 根。

完成锚杆（索）验收试验检测，写出检测方案和检测报告。

分析任务要求，得出任务清单，见表 8-2-1。

表 8-2-1　任务清单

任务内容	任务要求	验收方式
完成检测方案	结构清晰、内容完整、文字简洁、符合《建筑基坑支护技术规程》（JGJ 120—2012）要求	材料提交
根据检测方法与试验步骤完成现场检测	实现任务现场检测要求、满足《建筑基坑支护技术规程》（JGJ 120—2012）实操要求	过程展示、材料提交
完成检测报告	结构清晰、内容完整、文字简洁、符合《建筑基坑支护技术规程》（JGJ 120—2012）要求	材料提交

8.2.3　任务分析与分配

1. 重　点

（1）检测方案的完整性；

（2）仪器连接安装的准确性；
（3）检测过程操作的规范性；
（4）检测报告的完整性。

2. 难 点

（1）试验数据和曲线分析的准确性；
（2）结果评定和检测结论的准确性。

3. 任务分组

小组讨论后确定人员分工及进度安排，见表 8-2-2。

表 8-2-2 学生任务分配表

班级		组号		指导教师	
组长		学号			
组员					
任务分工	人员		时间安排		备注
锚杆（索）验收试验检测方案					
锚杆（索）验收试验现场检测					
锚杆（索）验收试验检测报告					

8.2.4 相关知识链接

1. 锚杆(索)验收试验的一般规定

请同学们通过查阅配套教材《地基基础工程检测技术(学习手册)》项目 3 任务 3.2、3.4 的内容学习,或学习《建筑基坑支护技术规程》(JGJ 120—2012)附录 A.4 节的规定。

锚杆(索)验收试验
相关知识

2. 锚杆(索)验收试验现场检测技术方法

请同学们通过查阅配套教材《地基基础工程检测技术(学习手册)》项目 3 任务 3.4 的内容学习,或学习《建筑基坑支护技术规程》(JGJ 120—2012)附录 A.4 节的规定。

3. 锚杆(索)验收试验数据分析

请同学们通过查阅配套教材《地基基础工程检测技术(学习手册)》项目 3 任务 3.4 的内容学习,或学习《建筑基坑支护技术规程》(JGJ 120—2012)附录 A.4 节的规定。

4. 素质目标的养成

(1)根据知识点描述或者技能点训练,引导学生养成安全责任意识。在检测过程中,培养学生严格按照操作规程进行操作的意识和严格遵守时间的观念。

(2)在检测过程中,要有讲原则、守规矩的意识;在检测完成后,要认真打扫场地,规范摆放仪器及工具。

8.2.5 自主探学

同学们通过查阅教材、听课、扫描二维码学习、上网搜索、讨论等方式获取任务工单中问题的答案,并填写表格中的空白内容,确保任务顺利实施。

任务工作单 1

组号：_____ 姓名：_____ 学号：_____ 检索号：<u>8-2-5-1</u>

引导问题：

（1）简述工程概况及试验目的。

（2）应收集哪些资料？锚杆（索）选取原则？

（3）如何确定主要检测依据？如何确定锚杆（索）验收试验抽检数量和开始检测时间？

（4）如何合理正确地选择锚杆（索）验收试验的加载装置、加载反力装置、变形测量装置？试验仪器设备的配置清单有哪些？

（5）怎样计算锚杆（索）验收试验的最大试验荷载？

（6）如何选择锚杆（索）验收试验的加载方法、加载分级、观测时间间隔、位移收敛标准、终止加载标准等？

（7）如何确定完成检测任务的检测工期？如何确保检测工作顺利进行的安全保障措施？

（8）请编写完成检测方案模块。

表 8-2-3　检测方案模块

序号	检测要素	检测方案模块内容

（9）请汇总检测要素的内容和数据，编制完整的检测方案（电子版）并提交。

任务工作单 2

组号：_____ 姓名：_____ 学号：_____ 检索号：<u>8-2-5-2</u>

引导问题：

（1）试验准备工作有哪些？所需的机械或人工配合有哪些？

（2）如何保证加荷反力装置的承载力和刚度？怎样搭建加载反力装置系统？

（3）怎样搭建位移测试系统？怎样安装基准桩、基准梁？怎样安装锚具？

（4）怎样连接千斤顶、油泵及油路？怎样连接压力传感器？怎样安装位移传感器（或百分表）？

（5）如何加压？如何设置仪器参数？如何操作所用仪器设备？

（6）如何正确进行现场拍照？是否存在测试数据异常情况？如何分析原因？

（7）简述试验过程中的注意事项。

(8)请录制检测过程视频(至少 2 min),或提交检测过程照片(至少 4 张)。
(9)根据检测方案和现场试验流程进行检测,记录并导出检测数据和检测曲线。

表 8-2-4　检测数据和检测曲线

序号	检测要素	检测数据/检测曲线	备注

任务工作单 3

组号：_____ 姓名：_____ 学号：_____ 检索号：_8-2-5-3_

引导问题：

（1）应整理哪些检测资料？

（2）分析位移数据，锚杆（索）验收试验如何判定锚杆位移稳定或收敛？

（3）分析曲线和数据，锚杆（索）验收试验如何评价锚杆（索）合格？

（4）如何编写结论？

（5）请编写完成检测报告模块。

表 8-2-5　检测报告模块

序号	检测要素	检测报告模块内容

（6）请汇总检测要素的内容和数据，编制完整的检测报告（电子版）并提交。

8.2.6 合作研学

任务工作单 1

组号：_____ 姓名：_____ 学号：_____ 检索号：8-2-6-1

引导问题：

（1）小组交流讨论，教师参与，形成正确的检测方案。

表 8-2-6 检测方案

序号	检测要素	检测方案

（2）记录自己存在的不足。

任务工作单 2

组号：_____ 姓名：_____ 学号：_____ 检索号：_8-2-6-2_

引导问题：

（1）小组交流讨论，教师参与，形成规范的检测过程、正确的检测数据和曲线。

表 8-2-7　检测数据和检测曲线

序号	检测要素	检测数据/检测曲线	备注

（2）记录自己存在的不足。

任务工作单 3

组号：_____ 姓名：_____ 学号：_____ 检索号：<u>8-2-6-3</u>

引导问题：

（1）小组交流讨论，教师参与，形成正确的检测报告。

表 8-2-8　检测报告

序号	检测要素	检测报告

（2）记录自己存在的不足。

8.2.7 展示赏学

任务工作单 1

组号：_____ 姓名：_____ 学号：_____ 检索号：8-2-7-1

引导问题：

（1）每小组推荐一位小组长，汇报检测方案，借鉴每组的经验，进一步优化检测方案。

表 8-2-9 检测方案

序号	检测要素	检测方案

（2）检讨自己存在的不足。

任务工作单 2

组号：_____ 姓名：_____ 学号：_____ 检索号：<u>8-2-7-2</u>

引导问题：

（1）每小组推荐一位小组长，简述试验过程，借鉴每组的经验，进一步改进和规范现场检测。

表 8-2-10　检测方案

序号	检测要素	检测方案

（2）检讨自己存在的不足。

任务工作单 3

组号：_____ 姓名：_____ 学号：_____ 检索号： 8-2-7-3

引导问题：

（1）每小组推荐一位小组长，汇报检测报告，借鉴每组的经验，进一步优化检测报告。

表 8-2-11 检测方案

序号	检测要素	检测报告

（2）检讨自己存在的不足。

8.2.8 评价反馈

任务工作单 1

组号：_____ 姓名：_____ 学号：_____ 检索号：8-2-8-1

表 8-2-12 个人自评表

班级		组名		日期	
评价指标	评价内容			分数	分数评定
信息检索能力	能有效利用网络、图书资源查找有用的相关信息等；能将查到的信息有效地运用到学习中			10分	
感知课堂生活	是否熟悉检测工作岗位，认同工作价值；在学习中是否能获得满足感，课堂氛围如何			5分	
参与态度交流沟通	积极主动与教师、同学交流，相互尊重、理解；与教师、同学之间是否能够保持多向、丰富、适宜的信息交流			10分	
	能处理好合作学习和独立思考的关系，做到有效学习；能提出有意义的问题或能发表个人见解			5分	
知识、能力获得情况	掌握了锚杆（索）验收试验的相关知识			10分	
	能正确选择并搭设加载反力装置			10分	
	能正确选择并搭设加载测量装置、变形测量装置			10分	
	能正确选择连接、安装仪器设备			10分	
	能正确进行参数设置、分级加卸载检测并读数判断收敛			10分	
	能准确分析曲线、判定是否合格、得出正确结论			10分	
思维态度	是否能发现问题、提出问题、分析问题、解决问题、创新问题			5分	
自评反思	按时按质完成任务；较好地掌握了知识点；具有较强的信息分析能力和理解能力；具有较为全面严谨的思维能力，并能条理清楚明晰表达成文			5分	
自评分数					
有益的经验和做法					
总结反馈建议					

任务工作单 2

被评组号：_____　　　　检索号：8-2-8-2

表 8-2-13　互评表

班级		评价小组		日期		
评价指标		评价内容		分数	小组内评定分数	小组间评定分数
汇报表述		表述准确		15 分		
		语言流畅		10 分		
		准确反映该组完成情况		15 分		
内容正确度		内容正确		30 分		
		句型表达到位		30 分		
互评分数				100 分		
简要评述						

任务工作单 3

组号：_____ 姓名：_____ 学号：_____ 检索号：8-2-8-3

表 8-2-14 教师评价表

班级		组名		姓名	
出勤情况					
评价内容	评价要点	考察要点	分数	老师评定	
				结论	分数
1. 查阅文献情况	任务实施过程中文献查阅	（1）是否查阅信息资料	5分		
		（2）正确运用信息资料			
2. 互动交流情况	组内交流，教学互动	（1）积极参与交流	5分		
		（2）主动接受教师指导			
3. 任务完成情况	检测方案	（1）内容表达清楚，酌情赋分	10分		
		（2）内容正确，错一处扣2分			
	现场检测	（1）内容表达清楚，酌情赋分	20分		
		（2）内容正确，错一处扣2分			
	检测报告	（1）内容表达清楚，酌情赋分	10分		
		（2）内容正确，错一处扣2分			
4. 素质目标达成情况	团队协作	根据情况，酌情赋分	5分		
	自主学习	根据情况，酌情赋分	10分		
	课堂纪律	根据情况，酌情赋分	10分		
	出勤情况	缺勤1次扣2分	10分		
	培养讲原则、守规矩的意识	根据情况，酌情扣分	5分		
	培养安全责任意识	根据情况，酌情扣分	5分		
	培养分析问题、解决问题的能力	根据情况，酌情扣分	5分		
合 计			100分		

项目 9　土钉的检测

任务 9.1　土钉抗拔承载力检测

9.1.1　任务目标

（1）掌握土钉抗拔承载力检测的基本知识；
（2）掌握土钉抗拔承载力检测的检测方法；
（3）能够熟练操作检测仪器设备；
（4）能够掌握检测试验步骤、数据处理、结果评定；
（5）能够编制土钉抗拔承载力检测的检测方案及检测报告；
（6）培养学生守时观念及分析问题、解决问题的能力；
（7）培养学生自主学习、团队协作的精神；
（8）培养学生讲原则、守规矩的意识及责任意识。

9.1.2　任务描述

南宁市三津水厂扩建工程位于南宁市江南区三津水厂，场内地势平坦，南部稍高。本工程结构设计使用年限为 50 年，结构安全等级为二级。本工程活性炭滤池和炭滤池回收水池土钉采用注浆钢花管，直径为 48 mm，壁厚 4.0 mm，采用打入式施工，注浆宜选用水泥砂浆，强度不低于 M15。$D—D$ 剖面设计土钉抗拔承载力≥12 kN，土钉总数约为 114 根。

完成土钉抗拔承载力检测，写出检测方案和检测报告。

分析任务要求，得出任务清单，见表 9-1-1。

表 9-1-1　任务清单

任务内容	任务要求	验收方式
完成检测方案	结构清晰、内容完整、文字简洁、符合《建筑基坑支护技术规程》（JGJ 120—2012）要求	材料提交
根据检测方法与试验步骤完成现场检测	实现任务现场检测要求、满足《建筑基坑支护技术规程》（JGJ 120—2012）实操要求	过程展示、材料提交
完成检测报告	结构清晰、内容完整、文字简洁、符合《建筑基坑支护技术规程》（JGJ 120—2012）要求	材料提交

9.1.3　任务分析与分配

1. 重　点

（1）检测方案的完整性；
（2）仪器连接安装的准确性；
（3）检测过程操作的规范性；
（4）检测报告的完整性。

2. 难　点

（1）试验数据和曲线分析的准确性；
（2）结果评定和检测结论的准确性。

3. 任务分组

小组讨论后确定人员分工及进度安排，见表 9-1-2。

9.1.4　相关知识链接

1. 土钉抗拔承载力检测的一般规定

请同学们通过查阅配套教材《地基基础工程检测技术（学习手册）》项目 4 任务 4.2～4.3 的内容学习，或学习《建筑基坑支护技术规程》（JGJ 120—2012）附录 D 的规定。

土钉抗拔承载力试验相关知识

2. 土钉抗拔承载力检测现场检测技术方法

请同学们通过查阅配套教材《地基基础工程检测技术（学习手册）》项目 4 任务 4.3 的内容学习，或学习《建筑基坑支护技术规程》（JGJ 120—2012）附录 D 的规定。

3. 土钉抗拔承载力检测数据分析

请同学们通过查阅配套教材《地基基础工程检测技术（学习手册）》项目 4 任务 4.3 的内容学习，或学习《建筑基坑支护技术规程》（JGJ 120—2012）附录 D 的规定。

表 9-1-2 学生任务分配表

班级		组号		指导教师	
组长		学号			
组员					
任务分工	人员		时间安排		备注
土钉抗拔承载力检测方案					
土钉抗拔承载力现场检测					
土钉抗拔承载力检测报告					

4. 素质目标的养成

（1）根据知识点描述或者技能点训练，引导学生养成安全责任意识。在检测过程中，培养学生严格按照操作规程进行操作的意识和严格遵守时间的观念。

（2）在检测过程中，要有讲原则、守规矩的意识；在检测完成后，要认真打扫场地，规范摆放仪器及工具。

9.1.5 自主探学

同学们通过查阅教材、听课、扫描二维码学习、上网搜索、讨论等方式获取任务工单中问题的答案，并填写表格中的空白内容，确保任务顺利实施。

任务工作单 1

组号：_____ 姓名：_____ 学号：_____ 检索号：<u>9-1-5-1</u>

引导问题：

（1）简述工程概况及试验目的。

（2）应收集哪些资料？土钉选取原则有哪些？

（3）如何确定主要检测依据？如何确定土钉抗拔承载力检测抽检数量和开始检测时间？

（4）如何合理正确地选择土钉抗拔承载力检测加载装置、加载反力装置、变形测量装置？试验仪器设备的配置清单有哪些？

（5）怎样计算土钉抗拔承载力检测值（最大试验荷载）？

（6）如何选择土钉抗拔承载力检测的加载方法、加载分级、观测时间间隔、位移收敛标准、终止加载标准等？

（7）如何确定完成检测任务的检测工期？如何确保检测工作顺利进行的安全保障措施？

（8）请编写完成检测方案模块。

表 9-1-3　检测方案模块

序号	检测要素	检测方案模块内容

（9）请汇总检测要素的内容和数据，编制完整的检测方案（电子版）并提交。

任务工作单 2

组号：_____ 姓名：_____ 学号：_____ 检索号：<u>9-1-5-2</u>

引导问题：

（1）试验准备工作有哪些？所需的机械或人工配合有哪些？

（2）如何保证加荷反力装置的承载力和刚度？怎样搭建加载反力装置系统？

（3）怎样搭建位移测试系统？怎样安装基准桩、基准梁？怎样安装锚具？

（4）怎样连接千斤顶、油泵及油路？怎样连接压力传感器？怎样安装位移传感器（或百分表）？

（5）如何加压？如何设置仪器参数？如何操作所用仪器设备？

（6）如何正确进行现场拍照？是否存在测试数据异常情况？如何分析原因？

（7）简述试验过程中的注意事项。

（8）请录制检测过程视频（至少 2 min），或提交检测过程照片（至少 4 张）。

（9）根据检测方案和现场试验流程进行检测，记录并导出检测数据和检测曲线。

表 9-1-4 检测数据和检测曲线

序号	检测要素	检测数据/检测曲线	备注

任务工作单 3

组号：_____ 姓名：_____ 学号：_____ 检索号：<u>9-1-5-3</u>

引导问题：

（1）应整理哪些检测资料？

（2）分析位移数据，土钉抗拔承载力检测如何判定土钉位移稳定或收敛？

（3）分析曲线和数据，土钉抗拔承载力检测如何判定土钉合格？

（4）如何编写结论？

（5）请编写完成检测报告模块。

表 9-1-5 检测报告模块

序号	检测要素	检测报告模块内容

（6）请汇总检测要素的内容和数据，编制完整的检测报告（电子版）并提交。

9.1.6　合作研学

任务工作单 1

组号：_____　姓名：_____　学号：_____　检索号：<u>9-1-6-1</u>

引导问题：

（1）小组交流讨论，教师参与，形成正确的检测方案。

表 9-1-6　检测方案

序号	检测要素	检测方案

（2）记录自己存在的不足。

任务工作单 2

组号：_____ 姓名：_____ 学号：_____ 检索号：<u>9-1-6-2</u>

引导问题：

（1）小组交流讨论，教师参与，形成规范的检测过程、正确的检测数据和曲线。

表 9-1-7　检测数据和检测曲线

序号	检测要素	检测数据/检测曲线	备注

（2）记录自己存在的不足。

任务工作单 3

组号：_____ 姓名：_____ 学号：_____ 检索号：<u>9-1-6-3</u>

引导问题：
（1）小组交流讨论，教师参与，形成正确的检测报告。

表 9-1-8　检测报告

序号	检测要素	检测报告

（2）记录自己存在的不足。

9.1.7 展示赏学

任务工作单 1

组号：_____ 姓名：_____ 学号：_____ 检索号：<u>9-1-7-1</u>

引导问题：

（1）每小组推荐一位小组长，汇报检测方案，借鉴每组的经验，进一步优化检测方案。

表 9-1-9　检测方案

序号	检测要素	检测方案

（2）检讨自己存在的不足。

任务工作单 2

组号：_____ 姓名：_____ 学号：_____ 检索号：<u>9-1-7-2</u>

引导问题：

（1）每小组推荐一位小组长，简述试验过程，借鉴每组的经验，进一步改进和规范现场检测。

表 9-1-10 检测方案

序号	检测要素	检测方案

（2）检讨自己存在的不足。

任务工作单 3

组号：_____ 姓名：_____ 学号：_____ 检索号：<u>9-1-7-3</u>

引导问题：

（1）每小组推荐一位小组长，汇报检测报告，借鉴每组的经验，进一步优化检测报告。

表 9-1-11　检测报告

序号	检测要素	检测报告

（2）检讨自己存在的不足。

9.1.8 评价反馈

任务工作单 1

组号：_____ 姓名：_____ 学号：_____ 检索号：9-1-8-1

表 9-1-12 个人自评表

班级		组名		日期	
评价指标	评价内容			分数	分数评定
信息检索能力	能有效利用网络、图书资源查找有用的相关信息等；能将查到的信息有效地运用到学习中			10分	
感知课堂生活	是否熟悉检测工作岗位，认同工作价值；在学习中是否能获得满足感，课堂氛围如何			5分	
参与态度交流沟通	积极主动与教师、同学交流，相互尊重、理解；与教师、同学之间是否能够保持多向、丰富、适宜的信息交流			10分	
	能处理好合作学习和独立思考的关系，做到有效学习；能提出有意义的问题或能发表个人见解			5分	
知识、能力获得情况	掌握了土钉抗拔承载力检测的相关知识			10分	
	能正确选择并搭设加载反力装置			10分	
	能正确选择并搭设加载测量装置、变形测量装置			10分	
	能正确选择连接、安装仪器设备			10分	
	能正确进行参数设置、分级加卸载检测并读数判断收敛			10分	
	能准确分析曲线、判定是否合格、得出正确结论			10分	
思维态度	是否能发现问题、提出问题、分析问题、解决问题、创新问题			5分	
自评反思	按时按质完成任务；较好地掌握了知识点；具有较强的信息分析能力和理解能力；具有较为全面严谨的思维能力，并能条理清楚明晰表达成文			5分	
自评分数					
有益的经验和做法					
总结反馈建议					

任务工作单 2

被评组号：_____ 检索号：9-1-8-2

表 9-1-13　互评表

班级		评价小组		日期		
评价指标	评价内容		分数		小组内评定分数	小组间评定分数
汇报表述	表述准确		15 分			
	语言流畅		10 分			
	准确反映该组完成情况		15 分			
内容正确度	内容正确		30 分			
	句型表达到位		30 分			
	互评分数		100 分			
简要评述						

任务工作单 3

组号：_____ 姓名：_____ 学号：_____ 检索号：9-1-8-3

表 9-1-14 教师评价表

班级			组名		姓名	
出勤情况						
评价内容	评价要点	考察要点		分数	老师评定	
					结论	分数
1. 查阅文献情况	任务实施过程中文献查阅	（1）是否查阅信息资料		5分		
		（2）正确运用信息资料				
2. 互动交流情况	组内交流，教学互动	（1）积极参与交流		5分		
		（2）主动接受教师指导				
3. 任务完成情况	检测方案	（1）内容表达清楚，酌情赋分		10分		
		（2）内容正确，错一处扣2分				
	现场检测	（1）内容表达清楚，酌情赋分		20分		
		（2）内容正确，错一处扣2分				
	检测报告	（1）内容表达清楚，酌情赋分		10分		
		（2）内容正确，错一处扣2分				
4. 素质目标达成情况	团队协作	根据情况，酌情赋分		5分		
	自主学习	根据情况，酌情赋分		10分		
	课堂纪律	根据情况，酌情赋分		10分		
	出勤情况	缺勤1次扣2分		10分		
	培养讲原则、守规矩、守时的意识	根据情况，酌情扣分		5分		
	培养精益求精的工匠精神	根据情况，酌情扣分		5分		
	培养热爱劳动的品质	根据情况，酌情扣分		5分		
合　计				100分		

参考文献

[1] 中国建筑科学研究院. 建筑地基基础设计规范：GB 50007—2011[S]. 北京：中国建筑工业出版社，2011.

[2] 中国建筑科学研究院. 建筑地基处理技术规范：JGJ 79—2012[S]. 北京：中国建筑工业出版社，2012.

[3] 福建省建筑科学研究院，福州建工（集团）总公司. 建筑地基检测技术规范：JGJ 340—2015[S]. 北京：中国建筑工业出版社，2015.

[4] 中国建筑科学研究院. 建筑基桩检测技术规范：JGJ 106—2014[S]. 北京：中国建筑工业出版社，2014.

[5] 中国建筑科学研究院. 建筑基坑支护技术规程：JGJ 120—2012[S]. 北京：中国建筑工业出版社，2012.

[6] 浙江交通工程管理中心. 公路工程基桩检测技术规程：JTG/T 3512—2020[S]. 北京：人民交通出版社，2020.

[7] 建设综合勘察研究设计院. 岩土工程勘察规范（2009年版）：GB 50021—2001[S]. 北京：中国建筑工业出版社，2009.

[8] 雷林源. 基桩动力学[M]. 北京：冶金工业出版社，2000.

[9] 单娜琳. 工程地震勘探[M]. 北京：冶金工业出版社，2006.

[10] 广东省建筑科学研究院集团股份有限公司，南昌市建筑工程集团有限公司. 锚杆检测与监测技术规程：JGJ/T 401—2017[S]. 北京：中国建筑工业出版社，2017.

[11] 本书编委会. 地基基础工程[M]. 北京：中国建材工业出版社，2004.

[12] 上海市基础工程集团有限公司，苏州嘉盛建设工程有限公司. 建筑地基基础工程施工质量验收标准：GB 50202—2018[S]. 北京：中国计划出版社，2018.